地学史三题

王文海　吴桑云　丰爱平　李培英　著

谨以此书纪念国家海洋局第一海洋研究所
建所六十周年

海洋出版社
2018年·北京

图书在版编目（CIP）数据

地学史三题/王文海等著．—北京：海洋出版社，2018.11
ISBN 978-7-5210-0228-7

Ⅰ．①地…　Ⅱ．①王…　Ⅲ．①地质学史-研究-中国　Ⅳ．①P5-092

中国版本图书馆 CIP 数据核字（2018）第 240372 号

地学史三题 DIXUESHI SANTI
责任编辑：白　燕　赵　娟
责任印制：赵麟苏
海洋出版社　**出版发行**
http://www.oceanpress.com.cn
北京市海淀区大慧寺路 8 号　邮编：100081
北京朝阳印刷厂有限责任公司印刷　　新华书店北京发行所经销
2018 年 11 月第 1 版　2018 年 11 月第 1 次印刷
开本：787 mm×1092 mm　1/16　印张：10.5
字数：220 千字　定价：68.00 元
发行部：62147016　邮购部：68038093　总编室：62114335

目 录

我国先秦时期的地貌学成就*

第一节　引　言

在我国的先秦时期并没有地貌学或地形学一类的科学，因此，也就不可能有地貌学或地形学之类的专门科学著作。但地形一词在我国出现得非常早，春秋时期管子在其《管子·地图》篇中论地图的重要性时说："凡兵主者，必先审知地图。轘辕之险，滥车之水，名山、通谷、经川、陵陆、丘阜之所在，苴草、林木、蒲苇之所茂，道路之远近，城郭之大小，名邑、废邑、困殖之地，必尽知之。地形之出入相错者，尽藏之。然后可以行军袭邑，举错知先后，不失地利，此地图之常也"。在稍晚的《孙子》一书中地形则独立成篇。在我国先秦时期确实积累了大量的地形地貌知识，提出了大量的地形、地貌学方面的词语，并给出了当时人们认识水平的解释。此处之所以将其称为词语，是因其与现代术语有很大的差异。

先秦古籍是我国在秦代以前的"三代"时文化和科学萌发和初创期所形成的典籍，其中特别重要的是西周、春秋、战国时期形成的文化典籍。

先秦时期，我国的文化和科学的发展大体可分为两个阶段，即文化科学萌发阶段和初创阶段。

文化科学萌发阶段是指原始社会至封建社会开始时期。在这一阶段的前期，即原始氏族社会时期，人类为自身的生存和安全本能地与自然和不同的人群打交道，极其艰难地探索自身的生存环境与生存道路，初步认识自然和人群间的关系。由于当时没有文字，人们将所取得的知识从下意识选择到有意识的选择，经历了上百万年的时间，人们将得到的知识口口相传给下一代。由于生产力的发展和社会分工的出现，人们和自然的接触及人与人的交往也就多了，知识也开始增多了，人们便从"结绳记事""契木为文"起步开始了漫长曲折的文字创造过程。到了夏代可能就有了文字记载和典册。

---

* 作者：王文海　吴桑云　丰爱平

据推断，中国最早形成的文字约在帝尧时，《尚书·夏书·五子之歌》有：“明明我祖，万邦之君，有典有则，贻厥子孙”。据《吕氏春秋·先始览·先识》篇有“夏太史令终古，出其图法，执而泣之。夏桀迷惑，暴乱愈甚，太史令终古乃出奔如商”的记载。到了商代我国有了真正完善的文字，于是，“惟殷先人有册有典”（《尚书·周书·多士》），即到了殷商时期出现了书籍。但从殷商到西周时期“学在官府”，教育学术绝不下传，所以社会上很少有书籍流传。到了春秋战国时期，奴隶制度开始崩解，“礼崩乐坏”，教育也逐渐由官府走向民间。教育不再是少数特权阶层的专利，迅速在社会上广泛普及，这样在社会上逐渐形成了“士”这一阶层，学术也由“学在官府”而转变为“学在四夷”，使过去官方垄断的学术文化传播开来。这样我国历史上便出现了第一次百家争鸣、文化繁荣的局面。在这种诸子百家争鸣的大潮中，各种学术思想都能进行充分的表达，形成各自的学术观点，形成有各自特点的学派即所谓的诸子百家，其中主要有阴阳家、儒家、墨家、名家、法家、道家等。诸子百家著书立说，为我们后代留下了我国文化初创时期的文化典籍。这些先秦典籍内容非常广泛，它们包括了社会、人文、历史、哲学、自然科学等多方面知识，地形、地貌等地理知识也包含在诸子百家的著作之中。

地形地貌知识无论在现代，或者在古代对人类的生存发展都具有重要意义。

在远古时代，我们的先人为了生存，下意识地选择他们的生存环境，选择渔猎场所，选择合适农耕土地，于是接触山河湖海，并从中逐渐总结出什么地方适合居住，什么地形适合渔猎，什么地方适合耕种，什么地方可以渡河航海……通过漫长时间的探索、认识和总结，人们对地形地貌有了一定的认识，进行了适当总结，寻找出一定的规律。

我国自古以来，从三皇五帝开始，战争从来就没有中断过。战争是在一定的地形条件下，在一定的空间中进行的，地形对战争的胜负虽然在某种程度上不起决定性作用，但是在一定条件下，地形对战争起着重要作用，因此孙子说：“夫地形者，兵之助也。料敌制胜，计险阨、远近，上将之道也”“知彼知己，胜乃不殆，知天知地，胜乃不穷”。

地形地貌与城镇建设关系极为密切，故管子在《管子·乘马·立国》篇中说：“凡立国都，非于大山之下，必于广川之上，高毋近旱而水用足，下毋近水而沟防省”。

正因为地形地貌对人们的生活、生产和社会活动有着非常重要意义，我国的先人们在探寻生存环境中，在生产斗争和社会活动中逐渐认识总结了地形地貌知识，提出相应的词语，给出了这些词语的义函，为现代地形地貌学的形成，搭建了非常有意义的框架。

第二节　研究所用先秦古籍简述

先秦古籍是指我国秦代以前时期，即夏、商、周及其以前形成的、现在能见得到并能辨识的最早的文字作品，有镌刻在甲骨上的甲骨文以及青铜器上的金文。我国的甲骨文的文字虽然有 3 900 多个，现在仅能认识商文字 1 243 个，但其中表示地形地貌的字确有不少，如：山、丘、京、水、渊、川、州、泉、曲、阜、岩、谷、麓、嵬、河、潭、沚、汜、湄、洒、陆、岳、洼、台等（黄德宽等，2014）。

随着社会经济和文化的发展，文化也由官府操纵，逐渐转移至民间，从原先简洁的“典”与“册”至成篇累牍的著作开始出现了。其中的《周易》《书经》和《诗经》便是经过长期的积累和斟酌整理而形成的学在官府的成果。到了春秋战国时期，由于“官学”下移至民间，于是我国在春秋战国时期便成了百花齐放、百家争鸣的局面，私人著述大量出现，于是我国在此时期出现了文化和科学发展的第一次高峰。这一时期是我国文化元典和科学元典形成期，也是我国文化和科学的奠基期。

本文只选取了先秦大量著作中的 23 种和《史记》中记述邹衍学术思想的部分，作为本文的研究对象，如表 1 所示。

表 1　先秦时期的主要著作及其作者

著作名称	作者	作者生卒年代	备　注
周易			
尚书			
诗经			
山海经			
管子	管仲等	？—公元前 645 年	
晏子春秋	晏婴等	？—公元前 500 年	
孙子	孙武	？—公元前 496 年	
老子	李耳		
论语	孔子	公元前 551 年—公元前 479 年	
春秋	孔子	公元前 551 年—公元前 479 年	
左传	左丘明		
国语	左丘明		
墨子	墨翟等	公元前 480 年—公元前 390 年	
列子	列御寇	公元前 450 年—公元前 375 年	
吴子	吴起	公元前 440 年—公元前 381 年	

续表

著作名称	作者	作者生卒年代	备 注
孟子	孟轲	公元前 390 年—公元前 305 年	
庄子	庄周等	公元前 365 年—公元前 290 年	
楚辞	屈原等	公元前 343 年—公元前 299 年	取先秦著作
荀子	荀卿等	公元前 239 年—公元前 278 年	
吕氏春秋	吕不韦等	公元前 290 年—公元前 235 年	
韩非子	韩非	公元前 280 年—公元前 233 年	
史记	司马迁	公元前 145 年—公元前 86 年	《史记》为西汉时著作，本文取记述战国时期邹衍学说部分
战国策	刘向		战国史料汇编
周礼			成书时代未确定

在上述的 24 种著作中，选择下述 12 种作为主要文献，另外 12 种则为重要补充文献。在后世的文献中，如《尔雅》《说文解字》《释名》等，对上述古籍中的地形地貌词语有明确的地形地貌解释，作为重要的释义参考文献。现将主要文献简要介绍如下。

（1）《易经》：《易经》又名《周易》，形成于西周时期，汉朝人把西周时期形成的《周易》原本称为经，即《易经》，而把先秦时期形成的解释《易经》的十篇著作称为《易传》，这十篇著作是《象上传》《象下传》《大象传》《小象传》《文言传》《系辞上》《系辞下》《说卦》《序卦》《杂卦》，这十篇文章又称为《十翼》；《易学》则是指汉朝以来的经师、学者对经和传所作的种种解释。《易经》自其形成之日起，就包含着“学”和“术”两种萌芽。所谓“学”是指有关天地人生的道理；所谓“术”是指用蓍草算命的方法。“学”方面的发展使其在以政治、伦理为重要内容的中国古代意识形态领域开辟了广阔的哲学天地。《易经》中一些卦名即以地形命名的，如坎（水）、艮（山）、兑（泽）等。在《易经》的卦辞中也利用了许多自然现象和地形地貌词语对卦象进行说明，故《易经》为本文的研究文献之一。

（2）《书经》：原名只叫《书》，到了汉朝将其称《尚书》，意为“上古之书”，当《尚书》成了儒家经典之后，便称其为《书经》。今存《尚书》有文献五十八篇，其中《虞书》五篇、《夏书》四篇、《商书》十七篇、《周书》三十二篇。《书经》形成于西周时期，是我国最早的政治史料汇编，其中《夏书》中的《禹贡》一篇专门记述我国行政区域、山川地理、物产资源及贡赋情况，是我国最早的地理学专著。《禹贡》一书形成年代众说纷纭：有人认为成书于西周，有人认为成书于春秋战国，更有人认为成书于汉代。我国地理学家王成祖更认为《禹贡》是孔子所作，即书成于战国时期（王成祖，1982）。《禹贡》是我国地理学的开山之作，该书除叙述政区、物产、贡赋及山、水外，并在书中提出了九江、九河、逆河等专门地貌术语。选择该书作为我国地形地貌术语的来源之一是理所当然的。

（3）《诗经》：《诗经》是我国第一部诗歌总集。总集中的诗形成于春秋及其以前。经过孔子的整理以后，形成总集，其中有诗305篇。先秦时代将其称为“诗”，或“诗三百”。汉武帝时采纳董仲舒“罢黜百家，独尊儒术”的建议，“诗”被尊为经典，称作《诗经》。《诗经》的诗虽被分为“风”“雅”“颂”“二南”等类型，但它们都是为各种礼仪音乐而采集或创作的歌词（刘跃进，2011；李炳海，2012）。既然《诗经》是一部诗歌总集，为什么将它列为我国文化元典时期研究地形地貌词语的经典文献呢?孔子和司马迁对此做了高度精准的回答。孔子说：“小子，何莫学夫《诗》?《诗》可以兴，可以观，可以群，可以怨。迩之事父，远之事君，多识于鸟兽草木之名。”（《论语·阳货》）司马迁说：“《诗》记山川溪谷、禽兽草木，牝牡雄雌，故长于风。”（司马迁《史记·太史公自序》）即《诗经》中有丰富多彩的知识，可以用来抒发感情，近可以侍奉父母，远可以服务国家。统计表明，《诗经》中用了80多个地形地貌词语完成诗歌的创作。正因为《诗经》中记述了大量的山川溪谷，有丰富的地形地貌词语，选择《诗经》作为地形地貌词语来源的重要文献之一，是再合适不过了。

（4）《山海经》：《山海经》是一部先秦古书。现流行本正文30 658字（郝本），字数虽不多，但其内容却包罗万象，从山川地理、植物动物、矿产、医药，到方国人物、祭祀、神话、风俗习惯等，无所不备，堪称是研究中国上古社会历史的宝库。《山海经》既然是宝库，又是奇书，其成书时间及所涉及内容，见仁见智，莫衷一是。今人郭郛先生和郭世谦先生的研究成果值得关注。

郭郛先生用现代动物学、图腾学、自然史博物学及科学技术发展史观点，解释了《山海经》的各种奇奇怪怪的人物和动物，为研究中国古代的氏族图腾和动物地理做出了贡献（郭郛，2004）。

郭世谦先生通过大量的论证，认为《山海经》是四部不同时间的地理著作集合在一起的。《山海经》的四个部分，即《五臧山经》《海外四经》《海内四经》和《大荒经》是四部不同时代，不同作者，从不同角度，用不同的体例，对同一基本地域，即以黄河中游为中心向外扩展的广大区域所做的地理记载。它们的范围虽有不同，却无内外关系。

郭世谦认为：《海外四经》的祖本大约形成于商代和先周时期，反映了楚人和其所属的祝融部落自今河南濮阳附近西迁于河南陕西地区的历史。《海内四经》的祖本当形成于先周至周初，反映了楚人在今渭水下游和商洛山中生活历史。《五臧山经》中，又以《四方山经》成书最早，反映了西周前期周人的封建疆域的地理概貌。《中山经》则是以后陆续增补而成的，特别是其后五经，反映了楚人沿汉水向南发展，至春秋时期楚文王定都于长江沿岸的历史。在长期流传过程中，可能《海外四经》和《海内四经》流传到了秦族人手里，自东周至战国前期，经过重新整理，又由该族陆续增补了其族所继承的商文化和新兴的黄帝系等内容，形成了变异较大的刻本——《荒经》。大约在战国后期或西汉时期，《五臧山经》与《海外四经》《海内四经》合纂成一书，名为《山海经》（郭世谦，2011）。

总之，《山海经》中《五臧山经》为山川地理，书中记述了447座山脉，出水260条，入水245条；《海经》为方国地理，除了记述山水、方国外，还记述泽、薮、海以及首次记录了雪山、干河等地理资料。

（5）《管子》：管子（？—公元前645年）字仲，为春秋初期人，在相齐桓公期间，进行了内政、军事、财政等方面改革，重视选拔人才。齐国经管子的改革，国力大增，又帮助齐桓公推行“尊王攘夷”政策，使其成为春秋时期的第一个霸主。《管子》一书，托名管仲所作。大部分为战国时期齐国稷下学者采拾管仲言行指其旨义而成，其中也有汉人附益的部分。《管子》旧书凡三百八十九篇，汉刘向校定为八十六篇，今存七十六篇，分为八类，内容庞杂，包涵法、道、名等家思想，以及天文、历数、舆地、农业和经济等知识，其中《牧民》《形势》《权修》《乘马》等篇存有管仲遗说。《大匡》《中匡》《小匡》等篇，记述管仲遗章。在相关篇章阐述了“气”的学说和水为万物之源的思想，同时讨论水利与水害、土壤以及经济问题。管子对地形地貌有充分认识，他说：“凡立国都，非于大山之下，必于广川之上。高毋近旱而水用足，下毋近水而沟防省。因天材，就地利，故城郭不必中规矩，道路不必中准绳。”他在论述地图地形的重要性时说：“凡兵主者，必先审知地图。轘辕之险，滥车之水、名山、通谷、经川、丘阜之所在，苴草、林木、蒲苇之所茂，道里之远近，城郭之大小，名邑、废邑、困殖之地，必尽知之。地形之出入相错者，尽藏之。然后可以行军袭邑，举错知先后，不失地利，此地图之常也。”管子首次对河流进行了分类。《管子》一书中的地形地貌知识具有重要启示作用。

（6）《孙子》：《孙子》又称《孙子兵法》，为春秋时军事家孙武（？—公元前496年）所撰，是现存的最早的中国古代著名的兵书。现存的《孙子兵法》共十三篇，故又称《十三篇》，即《计篇》《作战篇》《谋攻篇》《形篇》《势篇》《虚实篇》《军争篇》《九变篇》《行军篇》《地形篇》《九地篇》《火攻篇》和《用间篇》。书中总结春秋时期的战争经验，阐述古代战争理论问题与规律，提出“兵者，诡道也”“攻其不备，出其不意”“兵无常势”“知彼知己，百战不殆”的观点。对地形地貌研究而言，《地形篇》和《九地篇》最为重要。孙子在《地形篇》中提出：“夫地形者，兵之助也，料敌制胜，计险阨远近，上将之道也。”又说：“知彼知己，胜乃不殆；知天知地，胜乃不穷。”并在《九地篇》中，孙子根据战争与用兵的利害关系，将地形地势分为九类，从而为兵家和地形研究者提供了宝贵的经验和理论借鉴。

（7）《周礼》：《周礼》亦称《周官》《周官经》或《周官礼》。该书作者及成书年代众说纷纭。经长期研究和考古资料论证，认为该书形成于战国时期儒家之手。《周礼》全书共分六篇，即《天官冢宰》《地官司徒》《春官宗伯》《夏官司马》《秋官司寇》《冬官司空》，其中《冬官司空》存目无多，汉人以《考工记》补入。《周礼》的基本框架是政治制度，分官设职。通过各个官职具体职责的说明，显示了一个相当完整的政治思想体系。要之，《周礼》保存了我国古代政治制度、古代法律制度、古代文化制度与审美风尚、古代教育制度，古代科学技术、古代文学及上古语言文字的丰富数据，对研究我国古代历史具有重要的史料价值。其中《夏官司马》中设“职方氏”一职，“掌天下之图，以掌天下之地，辨其邦国、都鄙、四夷、八蛮、七闽、九貉、五戎、六狄之人民，与其财用，九谷、六畜之数要，周知其利害”。因此，职方氏熟习国家地理情况，国内外状况及其利害条件，从而具有地理价值。

（8）《列子》：《列子》为战国时期列御寇（公元前450年—公元前375年）所作，共8篇，哲学著作，思想近老子。著作中有多个寓言故事，如愚公移山等。列子在《汤问篇》中提出了“归虚”，即后来的“尾闾”概念，为后世地理学界所重。

（9）《庄子》：庄子（公元前365年—公元前290年）战国时期宋国（今河南商丘东北）人，名周，字子休，楚庄王后裔，家贫，不愿“为有国者所羁”，拒绝楚威王厚币迎聘。“其学无所不窥，然其要本归于老子之言。”《庄子》一书，是道家经典之一，为庄子及其后学所著，为战国至汉初道家庄子一派的著作总集。《庄子》原有著作五十二篇，今存由西晋郭象编定的三十三篇。分为内篇七，外篇十五，杂篇十一。一说内篇是庄周所著，其余为其门徒及后学所著，一说《庄子》一书都反映了庄子的思想。该书继承和发展了老子的“道法自然”观点，否认有鬼神主宰世界，认为道无为无形，超越时空。“自本自根，未有天地，自古以固存”，是万物的创造者，“物物都非物，物出不得先物也”。认为无动而不变、无时而不移。主张齐一物我、是非、大小、生死、贵贱、幻想“天地与我并生，万物与我为一”的精神境界。要人安时处顺，逍遥自得，“不谴是非以与世相处”。认为人的生命有限，知识无边，以有限的生命追求无限的知识，是违反“养生”原则的危险行为，因而反对人们追求知识。《庄子》文章汪洋恣肆，富于想象，多采用寓言、讲故事形式，阐述庄周的思想，在哲学、文学上都有很高的研究价值。庄子经常用地形地貌来论述哲学思想，同时表达了地形地貌学观点，如“山丘积卑而为高，江河合水而为大”。又如“夫川竭而谷虚，丘夷而渊实”“天与地卑，山与泽平”等。反映了我国先秦时期的地貌夷平思想。

（10）《楚辞》：《楚辞》是屈原、宋玉等人用楚语、楚声描摸楚国风土人情的楚人歌辞。《楚辞》一书中的作品除少量汉人作品外，大部分为楚人所作，而这其中又大部分为屈原的作品。屈原是一个爱国的政治家和诗人，他用诗歌颂了祖国的大好河山，抒发了政治抱负不得实现并受不断打击的抑郁情怀。他的诗歌开创了我国诗歌的浪漫主义与爱国主义相结合的先河。在其歌颂祖国大好山河的诗作中提到了众多的地形地貌现象。为我们研究先秦时期的地形地貌问题提供了丰富的素材，如“石林”一词就首次出现在屈原的作品中。

（11）《史记》：《史记》是我国西汉时期的伟大历史学家司马迁（公元前145年—公元前86年），根据诸家典藏的图书档案，先秦经史诸子、民间谚谣以及记录汉当朝时事的史籍而撰写的我国第一部纪传体的史书，共一百三十卷，计十二本纪、十表、八书、三十世家、七十列传。该书史料搜集广泛，论断精辟，饱蘸情感，又多进步史观，文笔生动通俗。所创体例为纪传体正史的开山之作。邹衍的“大九洲说”或“大瀛海说”就记录在该书的《孟子荀卿列传》中，为我国保留下了非常富贵的科学史料。

(12)《吕氏春秋》:《吕氏春秋》又名《吕览》，是战国末期秦相吕不韦集合其门客编著而形成的著作，共二十六卷。分为八览、六论、十二纪（今本次序以“十二纪”为首)，凡一百六十篇，汇集了先秦各家言论，以构成取各家之长的统一体系，为杂家的代表作，内容以儒、道为主，兼及名、法、墨、农及阴阳家言。其中保存许多先秦学说、古史旧闻及天文、历算、音乐等方面的古史数据。其中还有生态及环境保护方面的思想。在论述各篇内容时，往往用地形地貌的形象特征作为论据，来表达其思想、理论和正确性。

第三节　先秦时期的地貌学成就

一、先秦时期地形地貌词语及其分布

(一) 先秦时期地形地貌词语及释义

在所选择的23种先秦古籍、《史记》和甲骨文中，共选出地形地貌词语164个，将其列于表2，其中不包括大多数人工地形地貌词语。

表2中的164个地形地貌词语，基本上代表了我国先秦时期人们对地形地貌的认识水平，为我国后来的地形地貌学的发展奠定了坚实的基础。表中的164个词语，当然不是先秦时期的全部地形地貌词语，还有一些没有列入表中，如魁陵、郄穴、径等，但表中词语代表当时的基本情况。

表 2　先秦古籍中的地形地貌词语表

序号	词语			先秦古籍																								合计
	名称	异名	亚类名	周易	尚书	诗经	山海经	管子	孙子	周礼	列子	庄子	楚辞	史记	吕氏春秋	晏子春秋	老子	论语	春秋	左传	国语	墨子	吴子	孟子	荀子	韩非子	战国策	
1	地形							√	√			√														√	√	5
2			通形						√																			1
3			挂形						√																			1
4			支形						√																			1
5			隘形						√																			1
6			险形						√																			1
7			远形						√																			1
8			绝涧						√																			1
9			天井						√																			1
10			天牢						√																			1
11			天罗						√																			1
12			天陷						√																			1
13			天隙						√																			1
14		地文									√	√																2
15	地图							√																			√	2
16	山			√	√	√	√	√	√	√	√	√	√	√	√	√		√	√	√	√	√	√	√	√	√	√	23
17			景山			√																						1
18			汛山					√																				1
19			峦									√	√															2
20			岑					√				√	√															3

续表

序号	词语			先秦古籍																								合计
	名称	异名	亚类名	周易	尚书	诗经	山海经	管子	孙子	周礼	列子	庄子	楚辞	史记	吕氏春秋	晏子春秋	老子	论语	春秋	左传	国语	墨子	吴子	孟子	荀子	韩非子	战国策	
21			堕			√																						1
22			巘			√																						1
23			鲜			√																						1
24			砠			√																						1
25			岵			√																						1
26			屺			√																						1
27	岳				√	√					√		√							√								5
28	崧					√																						1
29	巅					√																						1
30	岗	山梁			√	√																						2
31	冢					√	√																					2
32	崔巍					√							√															2
33	岩	（屵、喦）					√	√			√	√	√															5
34	阜					√		√							√						√	√						5
35			陵	√	√	√	√	√	√	√	√	√	√		√					√	√	√		√		√	√	17
36			阿			√					√		√															3
37			丘	√	√	√	√	√	√	√	√	√	√		√					√		√			√		√	15
38	（丘）	漫山						√																				1
39			旄丘			√																						1

续表

序号	词语			先秦古籍																								合计
	名称	异名	亚类名	周易	尚书	诗经	山海经	管子	孙子	周礼	列子	庄子	楚辞	史记	吕氏春秋	晏子春秋	老子	论语	春秋	左传	国语	墨子	吴子	孟子	荀子	韩非子	战国策	
40			宛丘			√																						1
41			阿丘			√																						1
42			顿丘			√																						1
43			亩丘			√																						1
44		邛				√																						1
45	丘陵											√	√		√			√					√	√	√			7
46		陵屯									√	√																2
47	虚	(墟)				√	√	√				√			√					√								6
48	京					√														√						√		3
49	垤					√									√									√		√		4
50	野	原野		√	√	√					√		√											√				6
51	陆			√		√		√			√	√			√						√	√				√		9
52	平陆								√																			1
53	原				√	√				√	√				√					√	√							7
54	平原							√					√							√	√							4
55	大原				√	√														√								3
56	皋壤											√																1
57	台	(臺)				√	√						√		√	√	√		√	√	√	√		√	√	√	√	14
58	麓				√	√																						2
59		山樊										√																1

续表

序号	词语			先秦古籍																								合计
	名称	异名	亚类名	周易	尚书	诗经	山海经	管子	孙子	周礼	列子	庄子	楚辞	史记	吕氏春秋	晏子春秋	老子	论语	春秋	左传	国语	墨子	吴子	孟子	荀子	韩非子	战国策	
60	阪					√									√					√			√		√	√		6
61	阪高																			√								1
62	崖						√						√												√			3
63	盘			√																								1
64	薮				√	√		√		√		√			√	√			√	√	√							10
65	隰				√	√				√					√					√	√							6
66	沮洳					√																						2
67	泽				√	√	√	√		√	√	√	√		√	√			√	√	√	√	√	√	√	√		18
68			菹泽					√	√																		√	3
69			斥泽					√	√																			2
70			沛泽																					√				1
71	潴	（猪、瀦）			√		√			√																		3
72	偃潴																			√								1
73	湖							√				√			√							√				√	√	6
74	浸									√	√	√			√													4
75	沼					√		√					√		√	√				√				√	√			8
76	池				√	√	√	√			√	√	√		√	√				√	√	√		√	√			14
77	潦					√																						1
78	湛							√																				1

续表

序号	词语			先秦古籍																								合计
	名称	异名	亚类名	周易	尚书	诗经	山海经	管子	孙子	周礼	列子	庄子	楚辞	史记	吕氏春秋	晏子春秋	老子	论语	春秋	左传	国语	墨子	吴子	孟子	荀子	韩非子	战国策	
79	洿							√																				1
80	洼	窪															√											1
81	皋					√							√							√					√			4
82	雝					√																						1
83	淖														√					√					√			3
84	泥			√																√								2
85	渊				√	√	√	√			√	√	√		√		√	√		√	√			√	√	√		15
86	泉					√		√			√	√	√		√	√				√		√		√	√			11
87			氿泉			√																						1
88			槛泉			√																						1
89			肥泉			√																						1
90			寒泉	√		√																						2
91			下泉					√																				1
92			瀵								√																	1
93	潭												√															1
94	河				√	√	√	√	√		√	√	√		√	√		√		√	√	√	√	√	√	√	√	19
95		渎						√							√						√				√	√		5
96		江			√	√	√	√	√		√	√	√		√		√			√		√		√	√	√	√	16
97		川		√	√	√		√		√	√	√	√	√	√	√	√	√		√	√	√		√	√	√	√	20
98		水			√	√	√	√	√		√	√	√		√	√	√	√				√	√	√		√	√	17

续表

序号	词语			先秦古籍																								合计
	名称	异名	亚类名	周易	尚书	诗经	山海经	管子	孙子	周礼	列子	庄子	楚辞	史记	吕氏春秋	晏子春秋	老子	论语	春秋	左传	国语	墨子	吴子	孟子	荀子	韩非子	战国策	
99			经水					√																				1
100			枝水					√																				1
101			谷水					√																				1
102			川水					√																				1
103			渊水					√																				1
104		流				√																						1
105	涧					√			√																			2
106		干		√		√																						2
107	畾							√																				1
108	溪	（谿）						√	√			√			√		√				√	√	√	√	√	√	√	12
109	谷			√		√	√	√	√		√	√	√	√	√		√			√	√	√	√		√	√	√	18
110	亶					√																						1
111	沟	（沟渎）						√				√								√	√			√	√			6
112	沟壑									√	√	√			√						√	√		√		√		8
113	浍									√												√		√	√			4
114	畎				√					√																		2
115	遂									√																		1
116	隈							√					√															2
117	行潦					√																		√				2
118	涯				√							√														√		3

续表

序号	词语			先秦古籍																								合计
	名称	异名	亚类名	周易	尚书	诗经	山海经	管子	孙子	周礼	列子	庄子	楚辞	史记	吕氏春秋	晏子春秋	老子	论语	春秋	左传	国语	墨子	吴子	孟子	荀子	韩非子	战国策	
119		岸				√							√							√					√		√	5
120		干		√		√																						2
121		畔				√					√	√	√															4
122		滨			√	√	√				√	√	√		√	√				√	√			√		√	√	13
123		湄				√																						1
124		麋				√																						1
125		浒				√																		√				2
126		涘				√						√																2
127		漘				√																						1
128		侧				√																						1
129		陂			√	√		√				√			√	√					√				√		√	9
130		将				√																						1
131		厉				√																						1
132		浦				√	√				√		√		√													5
133		渍				√																						1
134		澨											√							√								2
135	奥	涔				√							√								√							3
136	芮	（汭）			√	√				√										√								4
137	鞫					√																						1
138	曲	河曲				√																						1

续表

序号	词语			先秦古籍																								合计
	名称	异名	亚类名	周易	尚书	诗经	山海经	管子	孙子	周礼	列子	庄子	楚辞	史记	吕氏春秋	晏子春秋	老子	论语	春秋	左传	国语	墨子	吴子	孟子	荀子	韩非子	战国策	
139	坟	(隫)				√		√		√			√															4
140	防				√			√		√					√					√		√			√	√	√	9
141	障							√							√					√	√							4
142	堤	(隄)						√							√					√						√		4
143	穴			√			√					√	√		√	√									√	√		8
144	堀	(窟)													√	√						√			√			4
145	坑	(阬)						√				√	√															3
146	洲	(州)				√	√				√		√									√						5
147	渚	(陼)				√	√	√				√	√		√						√				√			8
148		坛陆										√																1
149	沚					√														√								2
150	坻					√																						1
151	岛				√										√													2
152	沙			√																					√			2
153	海	(滨海)			√	√	√	√			√	√	√		√	√	√	√		√	√		√	√	√	√	√	18
154		大壑					√				√	√	√															4
155	裨海													√														1
156	大瀛海													√														1
157	九江				√		√																					2
158	九河				√								√											√	√			4

续表

序号	词语			先秦古籍																								合计
	名称	异名	亚类名	周易	尚书	诗经	山海经	管子	孙子	周礼	列子	庄子	楚辞	史记	吕氏春秋	晏子春秋	老子	论语	春秋	左传	国语	墨子	吴子	孟子	荀子	韩非子	战国策	
159	逆河				√																							1
160	干河						√																					1
161	尾闾	归虚									√	√																2
162	流沙				√		√	√					√		√						√							6
163	石林												√															1
164	汜					√																						1
合计				14	29	82	27	48	25	17	30	40	43	5	41	15	9	7	4	37	26	21	8	25	30	25	19	

1. 先秦时期地形地貌词语的基本特点

根据查阅的先秦时期的24部著作164个词语和释义来看，这些地形地貌词语具有如下特点。

（1）这些词语分布在所有的著作中，但每部著作中出现的词语数量有很大差异。《诗经》出现的地形地貌词语最多，多达82个，出现率达50%。词语数量超过30个（含30个）的著作共8部。著作中出现词语量最少的有4个词语即《春秋》（地名不计在内，《史记》除外）；其次是《论语》，7个词，一部是《吴子》，8个词。从统计数据来看，文学性质较强的作品，出现的词语数量较多，如《诗经》《楚辞》《庄子》等。由于文学作品的需要，使用许多同义词，如《诗经》中有关“涯”的同义词（水边的意思）就多达16个（不含涯）。而纯粹历史学、哲学、政论著作中，地形地貌词语出现的就少，如《春秋》《论语》和《老子》等（其中《史记》因只选用了有关邹衍学说部分，不能代表《史记》全书）。另外，在先秦时期专业性很强的地理学著作中，《尚书》和《山海经》出现的词语数分别为29个和27个，出现率分别占17.18%和16.46%。另外，《管子》一书中出现的地形地貌词语达48个，出现率为29.27%。这与该书的性质有关。《管子》综论了管理国家的政治、经济、军事、地理以及国家管理等方方面面问题，因此与地形地貌有密切关系，出现众多的地形地貌词语是不足为怪的。

（2）每个地形地貌词语在24部著作中出现的情形也有明显不同，有的词语几乎在24部著作中均有出现，如“山”出现在23部著作中，“川”在20部著作中出现；“河”出现在19部著作中；“海”“泽”“谷”在18部著作中出现。总之，共有14个词语出现在12部以上著作中。这些词是分布最广泛的词，是形成现代地形地貌术语的基本词语。另外，有不少词语仅出现在一部著作或两部著作中。其中仅出现在一部著作中的有72个词语，出现在两部著作中有25个词语，二者之和高达97个，占词语总数的59.15%。这些出现频次很少的词语在现代的地形地貌术语中多数已经不见了。但并非仅在一部著作里的词语都消失了。有的词语时至今日仍有很强的生命力或转变一种形态生存下来，如石林等词一直沿用到现在；逆河、干河等概念现在只是改变了一个名称，而没有改变实质内容。另外如“尾闾”保留了原有的词语，而改变了原来的概念。

（3）先秦时期的地形地貌词语多为一字和两字词语，仅见一个三个字词语，没有三个字以上词语。

统计表明：在表2所列的词语中有107个为一字词，占统计词语数的65.24%；两字词56个，占34.15%。应指出的是，即使这大约56个字词，有也是由一字词逐渐演变而来的。例如，丘陵是丘和陵两个单独词语发展来的。沟渎和沟壑两词也是如此。三个字词语仅见“大瀛海”一词。

究其原因，不外以下几个方面：

首先，先秦时期是我国地形地貌学的初创时，对地形地貌的类型、地貌体的形成演化规律虽有些认识，但很多方面的认识还不够深入，因此，还没形成更多的、更丰富的词语来表达这纷繁的世界。

其次，与我国的文字语言发展过程紧密相关。由于我国的文字是方块字，不是拼音字，词语是由一个个单字组成的，在文字形成过程，往往一个字就表达了一个或几个意思，单字就成了最基本的词。由于社会的发展，一个字的词不足以表达事物应有的本质意义，就逐渐形成两字词，三字词或更多字的词（王凤阳等，2018）。

第三，与当时的文字的书写材料及书写方式有关。众所周知，在先秦时期，我国尚未发明造纸术，即当时没有供人们书写用的纸张。在夏、商、西周时期，重要的事情记录在牛或龟的甲骨上或木质、竹质的简上，在商、周时期除上述书写材料外，还将其铸造在青铜器上，而书写的方式主要是刀刻和铸造。这就不得不要求文字词语越简洁越好。能用一个字表达的绝不用两个字，这样也促成一字词特别多。

（4）一词多意和一意多词

在先秦时期，我国的文字尚处在发展完善阶段，有些事物或思想尚没有适当的字或词来对其进行精确的描述，于是便产生了通假（借）的方法，用表达某种事物或思想的字去描述另外的一种事物或思想。这在先秦时期的地形地貌词语中多有所见，这就产生了一字（词）多意的问题。

例如：“干”在描述地形地貌时就有两个意义，其一为河岸的意思，如《诗经·伐檀》中“坎坎伐壇兮，置之河之干兮”。《周易·渐·初六》中“鸿渐于干”中的“干”便是涯、水边、岸的意思。《诗经·小雅·斯干》一诗“秩秩斯干，幽幽南山”中的“干”则是溪涧的涧的意思。又如岸字，在《诗经·国风·氓》一诗中的“淇则有岸，隰则有畔”中“岸”是河岸、水边之意，而在《诗经·小雅·十月之交》一诗中的“高岸为谷，深谷为陵”中的“岸”则是陡崖的意思。再如，“隈”字，在《管子·形势》一文中，“平原之隰，奚有于高；大山之隈，奚有于深”的“隈”字是小沟之意，在《庄子·徐无鬼》一文“奎蹄曲隈”中的“隈”则是水曲（河曲）之意，故《淮南子》有“渔者不争隈”之言。

上述是一词多意的几个例，下边介绍一意多词的情况。

在先秦时代一意多词的现象非常普遍，在许多著作中都存在一个意思用多个词语来表达。在同一个作者的著作中，甚至同一篇文章或诗歌中都会用多个词来表达一个意思。现举例说明之。

地形和地文两个词，海和大壑二词，均是两个词表达一个意思，其中前者形成于先秦时期一直沿用到中华人民共和国的成立初期。

渊与泉，词语释义中已解释过，渊有深、深潭、回旋流（旋涡）之意。泉则是水源的意思。因泉水从深处而来，在一定意义上具有深的意思。因此，在先秦的著作中就出现了渊泉同义的说法。《列子》一书的《黄帝》篇中就有渊泉同义的表述。《列子·黄帝篇》说："鲵旋之潘为渊，止水之潘为渊，流水之潘为渊，滥水之潘为渊，沃水之潘为渊，氿水之潘为渊，雍水之潘为渊，汧水之潘为渊，肥水之潘为渊，是为九渊焉。"由上文可知，所谓九渊，就是九种水体。其中多种为泉，如滥水之潘即是滥泉；沃水之潘即是沃泉；氿水之潘即是氿泉；汧水之潘即为汧泉，即泉水不外流，在本地形成池塘的泉；肥水之潘即为肥泉。由此可知，在这种意义上讲渊即泉，泉即是渊，二词有相同的意义。

阜、陵、阿、丘（漫山）和洲、渚、沚、坻则用四个不同的词表达同一个事物，前四者是丘陵之义，后四者是岛的意思。虽然它们表达的规模大小不同，但其实质意思是相同的。

再如，防、坟、障、陂、堤都是防洪堤的意思。渎、河、江、川、水、溪、涧都是河流的意思，其中的某个词意义稍有不同。如渎，当其作河流讲时，则专指江、河、淮、济四条大河；河、江二字有时是黄河和长江的专称，有时则指广义的河流。溪和涧除了有比河流规模小以外，也有地方名称，如福建许多河流便叫××溪。水，在古代则是河流的通用名词，例如《山海经》中黄河、长江等称为河、江外，有时也称为河水、江水……

最为典型的一意多词的例子，便"涯"（水边之意），竟有 16 个同义词（不含涯），它们是岸、干、畔、滨、湄、麋、浒、涘、漘、侧、陂、将、历、浦、濆、澨。就其单个词语来讲，其意义可能有所不同。如岸，水边陡崖；浒，岸上陆地；湄则有所不同，湄（麋），水草交为湄，即有水草的涯……，但它们最基本的意思就是水边。就这点而言，这 17 个词都是一个意思。

之所以出现一意多词的情况，它与先秦时期社会情况及文化活动有关。

所谓先秦时期是指秦统一中国之前夏、商、周时代，这一时期除了战国时七雄对峙外，侯、伯等小国成百上千。这些小诸侯国语言文字大体相同外，尚有许多方言土语及本国使用的文字，这就不可能不造成描述某些事物和思想方面的文字差异。正因如此，秦统一中国后立即统一了文字，避免产生歧义。另外一个原因是文学写作的需要，特别是写诗，为了押韵，在同一首诗中往往出现多个同义词。例如《诗经·魏风·伐檀》一诗中就有："坎坎伐檀兮，置之河之干兮……坎坎伐辐兮，置之河之侧兮……坎坎伐轮兮，置之河之漘兮……"再如《诗经·秦风·蒹葭》一诗："蒹葭苍苍，白露为霜。所谓伊人，在水一方。溯洄从之，道阻且长。溯游从之，宛在水中央。蒹葭凄凄，白露未晞，所谓伊人，在水之湄。溯洄从之，道阻且跻。溯游从之，宛在水中坻。蒹葭采采，白露未已。所谓伊人，在水中涘。溯洄从之，道阻且右。溯游从之，宛在水中沚。"正因如此唐朝徐坚等人说："凡水边皆曰垂、曰涯、曰畔、曰干、曰渍、曰滨……"（徐坚等，2010）

2. 先秦时期地形地貌词语与现代术语的异同及其演进

在先秦时期的社会、经济、科学技术和文化背景下形成的地形地貌词语，反映了先秦时期的中国的社会经济、科学技术和文化水平。两千多年之后的今天，我国的社会经济、科学技术和文化均发生了巨大的变化。在现代科学技术条件下，人们对地形地貌的认识也发生了巨大变化，这不仅仅表现在对地表形态特征有了新的认识，更对其形成原因，发展演化规律也有了新的认识，形成了众多的分支学科，当然也就形成了许多新的词汇术语。尽管新形成术语具有了新的现代的内涵，但很多现代地形地貌术语继承了先秦时期的基本概念，有些术语经过一番改造给予了它新的含义。另外一些或因其不能反映现代的科学思想，或因当时就是方言而现代无法传承的，就逐渐被扬弃了。

（1）被继承下来的先秦时代的词语概念意义形成新词汇

这里是指先秦时期的地形地貌词语的概念与现代地形地貌术语概念相同、相近或相似。

这类词语在先秦著作中并不少见，现举例说明之。

①洲、岛

先秦时期，洲、岛二词出现颇早，给出的概念也特别明确。

洲：《尔雅·释水》：水中可居者曰洲。《说文解字》释义同《尔雅》，晋代郭璞进一步说：水中自然可居者为洲。《尔雅》同时还说："水中可居者曰洲，小洲曰陼（渚）、小陼曰沚，小沚曰坻。"

岛：《说文解字·山部》：海中往往有山可依曰岛。《释名》：海中可居者曰岛。《初学记》：海中山曰岛，海中洲曰屿。

从上述可见，先秦时期岛和洲的概念有一致的地方，即都强调了"可居"这一重要的基本条件。

岛的现代地貌学定义为："四面为海水、湖水、河水环绕的陆地。"（《地理学名词》）海岛的定义为："四面环海高潮位时高出水面，自然形成的陆地区域。"

仔细分析先秦时期的"洲"和"岛"的概念和现代地貌学中"岛"的概念，不难发现，除两者的表述方式不同外，所定义的基本条件是一致的。

先秦的"岛"与"洲"的定义，是以能否居住人为前提。现代的"岛"的定义，则是以"岛"或"洲"能否被水淹没为前提。这就是说，在一定意义上讲，能住人的"洲""岛"是不能被水淹没的，或反过来说能被水淹没的"洲"和"岛"就不能被称为"岛"和"洲"。由此可见，先秦时期与现代的岛与洲的概念从理论上讲是一致的。

但洲和岛二词语在先秦时甚至在中华人民共和国成立之前两者还有一定的差异，《尔雅》说"水中可居者曰洲"。《说文解字》说："海中往往有山可依曰岛。"故徐坚说："海中山曰岛，海中洲曰屿。"由上述可知在我国先秦时代，说岛则是由岩石构成的突出于海中的地貌，屿与洲，则是由松散沉积物构成的地貌，即现代地貌中的沉积岛。

②逆河

逆河一词出于《尚书·禹贡》篇，《禹贡》说：“（河）北过降水，至于大陆。又北，播为九河，同为逆河，入海”。

我国古代的一些学者，对“逆河”一词给出了不同的解释。孔安国认为：“（九河）同合为一大河，名逆河，而入于渤海。”郑玄云：“下尾合名为逆河，言相向逆受”，即九河合而为一河，有逆向水流和大河的顺向（入海）水流相互作用。王肃说：“同逆一大河，纳之于海。”即是说这九条河流都有逆流逆九条河道而上，最终都入于渤海。这就是说，逆河不是一条河名，也不是九条河流合一而后沿河道逆流而上的现象，而是黄河河口区九条汊河皆逆流而上的一种河流现象，即是现代河口地貌学中的河流河口段，在涨潮时潮流逆向而上的河流水文现象。

众所周知，现代河流地貌学将河流的河口分为三个组成部分：一是河流进口段：河流的潮区界和潮流界之间的河段，该段只受潮位升降的影响而不受潮流影响。二是河流河口段，该段内在落潮时河水顺河道流向外海；涨潮时河道水流逐渐转为逆向流动，并控制整个河段，这便成了逆河。落潮时逆河便成为“顺河”。三是口外海海滨段，即从河口口门到口门以外的浅海浅滩的外缘（钱宁等，1989）。

上述表明：我国在“尚书”中所称的逆河，就是现代河口地貌学中“河流河口段”。

从先秦时期提出“逆河”这概念表明，先秦时代的人们对河流的河口现象已经有了仔细的观察，并赋予了恰当的符合科学原理的名称，这是一件很了不起的科学思想。因其符合现代河口学的科学原理，故被现代地貌学接纳，并将其称之为河流河口段。“逆河”概念的提出比河流分段概念早了近 2 000 年。

③干河

干河一词出于《山海经·北次三经》。该经说：“又东北三百里，曰教山……教水出焉，西流注于河。是水冬干而夏流，实惟干河。”为什么叫干河，经文已说清楚了，即该河冬季无水断流，河道成干涸的洼地，而夏季降雨时，河道有水流流过。这一概念和现代地貌学中的“间歇河”或“季节性河流”概念相似。现代地貌学中将“间歇河”定义为仅雨后或山区融雪时有水流动，其余大部分时间为干涸的河流（周成虎，2006）。由上述可知，“干河”与“间歇河”的概念基本一致，只是现代地貌学中的“间歇河”的定义比干河的定义描述的更加完整、全面一些而已。

④流沙

流沙一词在先秦时的多部著作中都有出现，例如《尚书·夏书·禹贡》说：“导弱水至于合黎，馀波入于流沙”“东渐于海，西被于流沙”。《山海经·西山经·西次三经》说：“观水出焉，西流注于流沙。”《楚辞·离骚》说：“忽吾行此流沙兮，遵赤水而容与。”

流沙，一词在汉唐时尚有一定的争议。一种认识为流沙是地名。如《尚书·正义》《导弱水疏》说：“张掖郡又有居延泽，在县东北，古文以为流沙。”即流沙是地名之一证。第二种认识，流沙即是沙漠。《楚辞》王逸注：流沙，沙流如水也。洪兴祖补注云：《山海经》：流沙，出钟山西行。注云：“今西海居延泽，《尚书》所谓流沙者，形如月生五日。”即是明确表明，流沙即是沙漠，而且连绵不断的沙丘。即“逦迤沙丘”（《尔雅·释丘》），形如月生五日的新月形。屈原在《楚辞·招魂》中说：“西方之灾，流沙千里些”，即“言西方之地，厥土不毛，流沙滑滑，昼夜流行，从广千里，又无舟航也”。说明流沙是分布范围广泛的地貌体。还有人，如张揖云：“流沙，沙与水流行也”。但这种观点遭到颜师古的批驳，颜师古曰：“流沙但有沙流，本无水也”。从“沙流而行”到“流沙千里”的阐释看其概念与现代地貌中的“沙漠”概念极为相似。现代地貌学中的“沙漠”的定义为：“地表为流沙覆盖，广泛分布沙丘的荒漠称为沙漠。”（周成虎，2006）很显然，现代沙漠的概念虽然更科学，但它继承了“流沙”一词基本含义。

在谈到流沙一词时，不能不指出，在我国的先秦时代，不仅观察到我国西方和北方的流沙，即沙漠的存在，而且还注意到了我国东部的流沙——沙漠或沙地存在的事实。

《山海经·东山经·东次二经》：“又南水行三百里，流沙百里，曰北姑射之山。”

《山海经·东山经·东次三经》：“又南水行五百里，曰流沙。行五百里，有山焉，曰跂踵之山。”

《山海经·东山经·东次三经》：“又南水行五百里，流沙三百里，至于无皋之山，南望幼海，东望榑木。”

考证表明，北姑射之山即现山东省荣成市的成山，无皋山即今日之崂山，幼海即崂山南侧的黄海、胶州湾一带海域。在古代，幼、小、少之字义相通，故郭璞注“幼海，少海也”。故后世将胶州湾又称少海。

《山海经·东山二、三经》的水行明显是沿海岸浅海中航行，所见流沙，显然是沿海的海滩，沿岸沙堤，海岸沙丘与沙地。所以规模不大（流沙百里）。

上述也表明流沙一词是我国先秦时代对沙漠和沙地的一种称谓。

（2）修正了原有词语的概念，保留原有的词语

许多古代的词语流传到现在发生了很大的变化，现在的这些词语所表达的意义和先秦时期有了很大区别，或完全改变原来的概念，如山、丘、岸、尾闾等。

①山和丘

山和丘是先秦时期地形地貌的重要概念，因为人们自其出现以来便和山丘打交道，对其有深刻的认识，自有文字以来便有了山和丘字，在甲骨文中是典型的象形字（高明等，2008），在漫长的岁月里逐渐完善了“山”和“丘”的概念。

山：《说文解字》云：山，宣也，宣气散，生万物，有石而高，象形。王筠在《句读》一书中解释“有石”二字时说：“无石曰丘，有石曰山。”

丘：《尔雅·释地》曰：“高平曰陆，大陆曰阜，大阜曰陵，大陵曰阿。”《说文解字》：“丘，土之高也，非人所为也。”《广雅》：“小陵曰丘。”《尔雅·释丘》郭璞注：“非人所为曰丘。”邢昺疏云：“非人为丘，然则土有自然而高，小于陵名丘也。”邢昺疏引李巡曰：“高平谓土地丰正名为陆，土地高大为阜，最大名为陵。陵之大者名阿。”

上述“山”“丘”概念表明：其一，“无石曰丘，有石曰山”；其二，丘是自然隆起，即自然隆起为丘，人为隆起叫“京”；其三，丘陵一词是丘和陵两个概念逐渐合而为一的。

现代地貌学中的“山”和“丘”的概念和先秦时期的概念有很大差别。

现代地貌学中的“山”的定义为：“陆地表面高度在500米以上，地表相对起伏大于200米的隆起地貌称为山。”（周成虎，2006）

现代地貌学中“丘陵”的定义为：“山坡平缓、山顶浑圆、高低起伏、连绵不断的低矮隆起高地称为丘陵。”常用的标准是海拔高度在500米以下，相对高度在200米以下（周成虎，2006）。

上述表明：先秦时期“山”和“丘”的区别是组成物质，现代“山”和“丘”的区别则是海拔高度和相对高度。先秦时期概念和现代的概念有重大差别。现代的“山”和“丘”只是保留了原来的词语，而建立了全新的概念。

②岸

岸这个词，不论在先秦时期，还是在现代都是非常重要的词汇。岸字本身就是个多义词。例如，“淇则有岸，隰则有畔”中的岸是河边之义。“高岸为谷，深谷为陵”中的岸则是山崖之义。“哀我填寡，宜岸宜狱”中的岸则是农村监狱意思。此处只讨论河岸的岸代表了什么意思。

《尔雅·释丘》曰：望厓洒而高，岸。又，重厓，岸。郭璞注：厓，水边。洒，谓深也。视厓峻而水深者曰岸。厓又作涯，又重厓，岸，两厓累者为岸。

《说文解字·山部》：岸，水厓而高者。

从上述释义不难看出，岸是水边的峻峭的陡崖，而且崖下为深水区。

这个概念和现代地貌学的概念相差甚远。现代地貌学的定义为：“河岸，陆地濒临河流的边缘。”（周成虎，2006）“海岸，现代海线以上，海洋营力能作用到的狭长陆域地带”（GB/T 18196-2000）。

由上述可知，现代地貌学中的岸，是指河流边缘，现代海线以上的狭长的陆域地带，而不是濒临水边的陡崖。可见现代地貌学中的岸只保留了“岸”这词的字，而岸的概念完全重新定义。

③尾闾

“尾闾”一词最早由列子提出，当时不称尾闾而称为归墟。《列子·汤问》说：

“渤海之东不知几亿万里，有大壑焉，实惟无底之谷，其下无底，名曰归墟。八纮九野之水，天汉之流，莫不注之，而无增无减焉。”《初学记》注：庄子所云尾闾。

到了庄子，则将归墟称之为“尾闾”。庄子在《秋水》中说：“天下之水，莫大于海，万川归之，不知何时止而不盈；尾闾泄之，不知何时已而不虚；春秋不变，水旱不知。此其过江河之流，不可为量数。”王叔之疏：“尾闾者，泄海水之所也，在碧海之东，其处有石，阔四万里，厚四万里，居川之下尾而为闾族，故名尾闾。”《汉语大词典》中的闾字有聚集之义，并举庄子《秋水》中“尾闾泄之，不知何时已而不虚”说明之。

从上述可知，不管是列子的归墟，还是庄子的尾闾，都是排泄海水之地。而排泄海水都是通过流来实现的，而海里的流的种类又很多，如河流的射流，海峡之间海流，及沿岸流及黑潮等，这些都可谓泄海水之流，真谓万川归之而不盈，尾闾泄之而不虚，因此，不管哪种流泄海水，泄流之处，都在大海之中。因此，列子说：“渤海之东有大壑焉，名曰归虚。”庄子说：“天下之水莫大于海，万川归之而不盈，尾闾泄之而不虚。”因此尾闾位于大海的远方，更有人认为尾闾本身就是大海。总之尾闾是海洋中的泄水之所，或者说是海洋中各种流的尾端。

祝穆在《方舆胜览》中说：“尾闾在仙居县东海中，与海门马筋相直，惟高山可望。其水湍急，陷于大涡者十余，舟楫不敢近，旧传为东海泄水处。”此即是海峡急流。

宋人周去非在其《岑外代答·地理门·三合流》中说：“传闻东大洋海，有长砂石塘数万里，尾闾所泄，沦入九幽，昔尝有舶舟，为大西风所引，至于东大海，尾闾之声，震汹无地。”此尾闾指南海诸岛间的海流，其流汹涌，声震天地。

现代地貌学也用尾闾一词，但这个尾闾不是指海洋海水泄水之处，即海流的尾端，而是陆地河流入海的河流尾端，如黄河尾闾、长江尾闾，则是指河流入海口以上河流近海的部分，即河流向海泄流之处，多数为河流河口段，因为地貌学上常讲河流尾闾摆动，经常发生在这一河段。

由上述可知，现代地貌学中的“尾闾”一词已和先秦时代的“尾闾”的概念有了巨大的区别：一个用于海中，一个用于陆上；一个指海中泄水之所，一个是指河流近河口区的一段河流。可见，两个概念不同，现在概念已失云原有概念的大部意义，但还保留部分原来的意义，河流河口段也是泄水之处。虽然尾闾的原来的意义没有了，但“尾闾”这个词语保留了下来，古为今用。

（3）部分先秦时代的地形地貌词语在现代地貌学中消失了

先秦时期的地形地貌词语的形成时代距今已有 2 000 多年，由于当时社会经济水平、科学技术水平远低于现在。因此，对地理科学的认识水平也远低于今天，再加上当时方国林立、语言各异，当时所形成的地形地貌词语无不具有当时的时代和地域特征，经秦朝横扫六合，统一语言文字，后又经过 2 000 多年的发展，加之现代的科学技术和语言水平，形成了更加科学严谨的现代地貌学术语，因此，除了上述的一部分保留了原来术语概念改变术语名称和保留原来术语另给定义外，很大一部分词语，随着时代的前进而逐渐消失了。例如：景山（除山名外）、汜山（均为大山之意）、陵屯(丘的意思)、皋壤（平原）、坛陆（湖中的洲）、漘、将等（岸，水边之意）、大壑(海之意）以及孙子的地形分类术语，管子的河流分类术语等，基本都在现代地貌学中消失了。

二、地貌理论研究

如前所述，我国历史上的先秦时代，特别是春秋战国时期，我国思想大解放，百家争鸣、百花齐放，各种政治主张、哲学思想、科学技术知识，缤纷地展现在世人面前，让世人批判、学习和应用。地形地貌知识，起源于远古时代，而集中暴发于春秋、战国时期。在这一时期，不仅提出了数量众多的地形地貌学语汇，并对其进行科学的解释外，而且提出了至今仍有影响的地形地貌学的理论和地理学的科学假想——“大九洲说”或“大瀛海说”，所有这些都是我国先人们对地形地貌学做出的巨大贡献。

（一）地貌的分级与分类

事物的分级与分类研究，是人们对事物的认识有了一定深度，有了相当多的积累之后出现的一个较高级的研究阶段，这一阶段的研究成果既是前一阶段知识积累和研究成果的体现，也是下一阶段进行更深入研究的基础。

我国先秦时期的地貌学的知识积累和对地貌学某些方面的研究，已经达到了对某些地貌进行分级与分类的可能。因此，在春秋战国时期出现了分类与分级的成果。

1. 地貌分级

地貌分级是指根据同一地貌类型的规模大小和分布特征而划分的等级。

例如河流级别的划分，就是根据水系中各水流之间的关系来划分的。过去的划分方法是将流域内的干流作为一级河流，汇入干流的大支流为二级河，汇入二级河流的支流为三级河流，如此依次类推。而现代的分类方法与此相反，是把最靠近河源细沟作为低级河流（一级河流)，愈接近河口的干流愈作为高级河流。虽在具体做法不同，但原理一致，这种河流的分级是根据河流的支流、主流的相互关系来确定，不需具体数据作基础的（钱宁等，1989)。

1994 年，李炳元等在编全国 1∶400 万地貌图时采用 7 种基本形态和 5 级海拔等的组合，构成 28 种基本地貌类型（表 3）（李炳元等，1994)。笔者认为该表很好地表达了不同海拔高度地区的地表形态的分级。虽然该表中没能够表达出不同地貌的成因，但它表明了，作为很好的地貌分级，需要有定量的数据作为分级的基础标准。

表 3　中国陆地基本地貌分类表

形态＼海拔	低海拔（<1 000 米）	中海拔（1 000~2 000 米）	亚高海拔（2 000~4 000 米）	高海拔（4 000~6 000 米）	极高海拔（>6 000 米）
平原（一般<30 米）	低海拔平原	中海拔平原	亚高海拔平原	高海拔平原	
台地（一般>30 米）	低海拔台地	中海拔台地	亚高海拔台地	高海拔台地	
丘陵（<200 米）	低海拔丘陵	中海拔丘陵	亚高海拔丘陵	高海拔丘陵	
小起伏山地（200~500 米）	小起伏低山	小起伏中山	小起伏亚高山	小起伏高山	
中起伏山地（500~1 000 米）	中起伏低山	中起伏中山	中起伏亚高山	中起伏高山	中起伏极高山
大起伏山地（1 000~1 500 米）		大起伏大山	大起伏亚高山	大起伏高山	大起伏极高山
极大起伏山地（>1 500 米）			极大起伏亚高山	极大起伏高山	极大起伏极高山

（李炳元等，1994）

先秦时期，由于没有现代的地貌学测量研究手段，认识的区域范围也很有限，因此，先秦时期的地形地貌分级，是在研究程度比较低的基础上做出的定性的分级。

在国际上，把河流作为一个系统来研究始于 18 世纪的郝登。他指出，一条河流及其支流犹如一个人的身体，它们彼此密切相关并且互相依赖。到 20 世纪中叶将地理研究和工程水文学研究结合起来，进行河流水系的分析。1946 年霍顿（R. E. Horton）首次应用数学和统计学分析水系，以后斯特拉勒（A. N. Strahler）继承并发展了他的学说。其重要贡献是对水系形态做精确的分析，使河流的数目、长度和面积以及河流的顺序号码及其相互关系处于一个简单的可以预测的关系之中（沈玉昌等，1986）。

霍顿等人认为水系主要是由不同大小和级别的具有各种数量和长度的河段所组成，这些独立的河段是组成水系的基本单元。水系中有各种大大小小的沟道和河流。河流的级别就是用来表达它们之间差异的分级方法。过去将干流作为一级河流，汇入干流的大支流为二级河流，汇入二级河流的支流为三级河流，如此类推，这种分类存在一定缺欠，故提出另一分类方法，即把靠近河源的细沟作为一级河流（低级河流），愈接近河口的干流作为愈高级河流（钱宁等，1989）。虽然在具体方法上还有所不同，但其基本原理都一样。

我国的河流分级早在《诗经》《周礼》中就已出现，如“关关雎鸠，在河之洲”“讽彼柏舟，在彼中河”“于以采蘩，于涧之中”“考槃在涧，硕人之宽”“秩秩斯干，幽幽南山”“葛之覃兮，施于中谷”“习习谷风，维风及雨”等。在《周礼》中设有专门管理河流的“川衡”，管理沟、浍的“遂人”等，《尔雅》一书则总结了我国先秦时期的地貌分级成果，并对其进行了简练的表述。如河流水系的分级表述如下：“水注川曰溪，注溪曰谷，注谷曰沟，注沟曰浍，注浍曰渎。”

邢昺引李巡注释说：“水出于山，入于川曰溪。注于溪曰谷，谓山谷中水注入涧溪也。”用现代的水系分级概念解释的话，则表达为：渎，靠近河源的一级河流，浍是二级河流，沟是三级河流，溪是四级河流，川是五级河流。

可见《尔雅》总结出的水系分级和现代水系分级是极其相似的。而该分级出现在先秦时代，尽管其尚不完善，但比霍顿等人的学说早了1 500多年。

地貌分级的再一个例子是对洲渚的分级。同样表现了先秦时期中国地貌学思想的先进。

《尔雅·释水》说：“水中可居者曰洲。小洲曰陼，小陼曰沚，小沚曰坻。”

这段文字首先给“洲”下了定义，然后便将分为四个等级，即最大者称为洲，小于洲者称渚（陼），小于渚者称沚，最小的洲称坻。渚、沚、坻无论多小，都必须满足“水中可居者”这一必要条件，即李巡所云：“四方皆有水，中央独可居，但大小异其名耳”。在《诗经》中，洲、渚、沚、坻皆有其出处。

2. 地貌分类

类是许多相同或相似的事物的综合，类型则是具有共同或相同特征的事物所形成的种类。地貌类型是指具有相同或相似特征的一类地貌实体，即成因、形态和发育过程基本一致的地貌单元（周成虎等，2009）。很显然，分类不是针对某一个体，而是指针对一组个体所组成的群体。根据一定的原则和明确的指标，采用一定的方法，对各个个体进行组合、合并，从而使它们分门别类，从而实现人们能对多个个体和复杂的群体的认识。

先秦时期的人们，通过大量观察和实践，总结了大量的观察资料并对其进行综合分析，根据其结果，提出了一些分类原则，如地貌形态、地貌间相对位置等，对地貌类型进行了划分。

（1）区分了人工地貌和自然地貌

先秦时期，我国已存在了许多人工地貌，如堤坝（坟、防、障）、道路（涂、道、行）、城池、台榭……人们将人工地貌和自然地貌划分开来。

例如：丘，就分为人造之丘和自然之丘。《尔雅·释丘》云：“绝高为之，京。非人为之，丘。”是说卓绝高大如丘的人力堆积起来的地貌，称作京；而自然形成的丘陵，则称为“丘”。

又如洲渚分自然形成的洲渚和人为形成的洲渚，即人工岛。《尔雅·释水》云：“水中可居者曰洲，小洲曰陼（渚），小陼曰沚，小沚曰坻。人所为为潏。”这就是说：水中自然形成的人可居的陆地叫洲、渚、沚、坻。人为形成的水中可居的陆地称为“潏”，即人工岛。可见人工岛不是现代人的专利，我国先秦时代就已有之。

再如坟与濆，两者都是河边垄状高地之意，也表示了水边的意思。如《诗经·周南·汝坟》一诗中"遵彼汝坟，伐其条枚"和《诗经·大雅·常武》一诗中的"铺敦淮濆，仍执丑虏"中的"坟"和"濆"，都是河边的隆起的高地，且具有"防"（防洪大堤）的作用，广义解释为水边、岸边。但它们代表了两种成因的地貌类型，朱骏声在其《说文通训定声·屯部》中说："濆与坟略同。自然成者濆，人为之者坟"。因此可以明确地说，坟是人工建造的防洪大堤，而濆则是自然形成的地貌，即现代地貌学中的河流"天然堤"。故坟与濆是成因不同的两种地貌类型，不可混为一谈。

（2）孙武的地形分类

作为军事家，孙武对地形非常重视，地形是屯兵作战，御敌制胜的重要条件之一。故孙武说："夫地形者，兵之助也。料敌制胜，计险阨远近，上将之道也。知此而用战者必胜，不知此而用战者必败。"

孙武根据自己带兵作战的经验，地形对行军作战的利害关系，将地形分为六类，即通者、挂者、支者、隘者、险者和远者。

孙武进一步解释了六种地形及其在战争中的应用："我可以往，彼可以来，曰通，通形者，先居高阳，利粮道，以战则利。"

"可以往，难以返，曰挂；挂形者，敌无备，出而胜之；敌若有备，出而不胜，难以返，不利。"

"我出而不利，彼而不利，曰支；支形者，敌虽利我，我无出也；引而去之，令敌半出而击之，利。"

"隘形者，我先居之，必盈之以待敌；若敌先居之，盈而勿从，不盈而从之。"

"险形者，我先居之，必居高阳以待敌；若敌先居之，引而去之，勿从也。"

"远形者，势均，难以挑战，战而不利。"

孙武还根据地形对行军的影响分为六类，即：绝涧、天井、天牢、天罗、天陷、天隙。

以上叙述说明，在孙武时代（春秋时期）根据不同的目的需要，对地形进行了分类。这种分类方式可能与现代军事地貌学的分类原则、标准、方法不同，但在距今2 000多年前就做出了这种分类，并将其用于军事活动之中，这就是很了不起的地形地貌学科学研究活动及其成果。

（3）山和丘的划分原则及其分类

山和丘是先秦文献中普遍出现的词语。它们都表示突兀地表的正地形。用现代地貌概念来理解，它们的区别在于海拔高度和相对高度。相对高度小于200米的隆起地貌为丘；相对高度大于200米的隆起地貌即是山（表3）。在先秦时期则不然，它们不是以高度来分类，而是以其组成物质来分，即凡是由岩石构成的隆起地形均是山；凡是由土类物质所构成的隆起，不论多高，都是丘，都是陵，都是阜。

1）山的分类原则与分类

根据不同原则，将山分为不同的类型。

① 根据山的重累情况，将山分类：

陟：山三袭，陟（形似三重累叠的山称为陟）；

英：再成，英（两重累叠的山称为英）；

坯：一成，坯（一重的山称为坯）。

② 根据山的高低、大小将山分类：

崧：山大而高，崧（大而高的山称为崧）；

岑：山小而高，岑（山小而高称为岑）；

峤：锐而高，峤（尖而高的山称为峤）；

扈：卑而大，扈（低而大的山称为扈）。

③ 根据山之间的关系分类：

岿：小而众，岿（小而众多的山称为岿）；

峘：小山岌大山，峘（高过大山的小山称为峘）；

峄：属者，峄（相互连接的山称为峄）；

蜀：独者蜀（单独的山称为蜀）；

霍：大山宫小山，霍（大山围绕着小山的山称为霍）；

鲜：小山别大山，鲜（不与大山相连的小山称为鲜）。

④ 根据山上石块大小分类：

磝：多小石，磝（多小石头的山称为磝）；

岩：多大石，岩（多大石头的山称为岩）。

⑤ 根据山上有无草木分类：

岵：多草木，岵（多草木的山称为岵）；

峐（屺）：无草木，峐（屺）（无草木的山称为峐）。

⑥ 根据山上石土关系分类：

崔嵬：石戴土谓之崔嵬（上头有土的石山称为崔嵬）；

砠：土戴石为砠（上头有石头的土山称砠）。

2）丘的分类原则与分类

① 根丘的重累情况分类：

敦丘：丘一成为敦丘（一层的丘称为敦丘）；

陶丘：再成为陶丘（两层重叠的丘称为陶丘）；

融丘：再成锐上为融丘（两层重叠而尖顶的丘称融丘）；

昆仑丘：三层为昆仑丘（三层重叠的丘称为昆仑丘）。

② 根据丘的形态分类：

乘丘：如乘者，乘丘（形似车乘的小土山称乘丘）；

陼（渚）丘：如陼者，陼丘（形似水中小洲的小土山称为陼丘）；

胡丘：方丘，胡丘（四方形的小土山称为胡丘）；

章丘：上正，章丘（顶上平正的土山称为章丘）。

③ 根据丘与道路的关系分类：

梧丘：当涂，梧丘（道路中的土山称为梧丘）；

画丘：途出其右而还者，画丘（道路出自其右侧而环绕着的土山称为画丘）；

戴丘：途出其前，戴丘（道路出自其前面的土山称为戴丘）；

昌丘：途出其后，昌丘（道路出自其后面的土山称为昌丘）。

④ 根据丘与河流的关系分类：

㳙丘：水出其前，㳙丘（河流出自其前面的土山称为㳙丘）；

沮丘：水出其后，沮丘（河流出自其后面的土山称为沮丘）；

正丘：水出其右，正丘（河流出自其右侧的土山称为正丘）；

注：阮元校《释名》曰："水出其右曰沚丘。沚者止也，今《尔雅》作'正'盖'止'之讹。此制止与下营回义取相反。"（管锡华，2015）

营丘：水出其左，营丘（河流出自其左面的土山称为营丘）。

⑤ 根据丘与泽的关系分类：

都丘：泽中有丘，都丘（池泽中的土山称为都丘）；

定丘：左泽，定丘（左边有水泽的土山称为定丘）。

⑥ 根据丘峰位置的分类：

咸丘：左高，咸丘（左边高的土山称为咸丘）；

临丘：右高，临丘（右边高的土山称为临丘）；

旄丘：前高，旄丘（前边高的土山称为旄丘）；

陵丘：后高，陵丘（后边高的土山称为陵丘）；

阿丘：偏高，阿丘（四角有一角高的土山称为阿丘）；

宛丘：宛中，宛丘（四周高中间低的土山称为宛丘）；

负丘：丘背有丘，为负丘（土山的背后还有一个土山称为负丘）。

（4）河流的分类

我国最早对河流进行分类的是春秋时期的管子。他根据河流的大小及河海关系、河河关系，将河流分为五类，即经水、枝水、谷水、川水和渊水。管子在《度地》一文中对其分类进行了解释。

①经水："水之出于山，而流入于海者，命曰经水。"（发源于山地，直接入海的河流）

②枝水："水别于他水，入于大水及海者，命曰枝水。"（从河流分出去，又归于大河或入海的河流）

③谷水："山之沟，一有水一毋水者，命曰谷水。"（有时有水，有时无水的山地河

流）

④川水："水之出于地，流于大水及海者，命曰川水。"（发源于陆地，注入大河或直接入海的河流）

⑤渊水："出地面而不流者，命曰渊水。"（源于陆地，而形不成河流的水）

从管子的上述河流分类类似于现代较老的河流分级。即干流（经水）、汊河（枝水）、间歇性（季节性）河流（谷水）、支流或独流入海河流、湖沼（渊水）。管子的这种分类，虽然其分类原则不甚统一，如将泉形成的湖沼也当作河流的一种并不恰当，但他确实观察了我国河流的基本情况，并进行了分类，这是非常可贵的，为我国河流的分类研究打下了良好的基础。

3. 地形地貌学其他方面的理论研究

（1）"大九洲说"或"大瀛海说"

①学说的形成背景

根据我国考古学发现和历史记载（孙光圻，2005），在距今7 000~8 000年前，我国就开始了造船活动。例如，2002年在浙江省萧山跨湖桥发现距今8 000年的独木舟一艘；1973—1978年在浙江省余姚河姆渡，发现距今7 000年前的六枝独木舟桨和舟形陶器；1979年在辽宁省丹东发现距今6 000年前的舟形陶器；1973年在湖北省红花套发现距今5 775年前的舟形陶器等不可胜数船只及舟形陶器。到了商周时期，我国造船技术有了革命性的发展。不论造船材料或还是船的样式、规模都有巨大进步，到了商代就出现了帆船。

从石器时代到春秋战国时期，我国先民的航海活动有了巨大的发展。初起时期进行沿岸水域捕捞和近岸航行。在距今5 000年时，齐鲁文化就影响到了辽东半岛，甚至到了俄罗斯远东滨海及朝鲜半岛。

《尚书·禹贡》一文中有："岛夷皮服，夹右碣石，入于河""浮于济、漯，达于河""浮于汶，达于济""浮于淮、泗，达于河""岛夷卉服……沿于江、海，达于淮、泗"，说明当时航行活动已非常活跃。

到了春秋战国时期，造船技术及船只规模都有了巨大提高。由于经济发展和战争的需求，出现海上运输。越国两迁其都（由浙江会稽迁至山东瑯玡后又再迁回会稽），都是通过海上运输完成的，可见海上运输规模之大。在春秋战国时期寻找"海上仙山"活动，也大大推动了航海活动。同时促进了对朝鲜半岛和日本的海上航运事业，当时在中国的北方形成了登州、碣石（秦皇岛）等航海中心。

海上航行技术的发展，促进沿海国家海军的发展，从而引发了海战。春秋时期的齐、吴、越是有名的沿海三强国。我国历史上第一次大海战就是在公元前486年的吴国和齐国之间发生的，最后以吴国的失败而告终。

"大九洲说"或"大瀛海说"，就是在上述的政治、经济和技术的背景下提出来的。

②“大九洲说”或“大瀛海说”

“大九洲说”或“大瀛海说”的提出者是战国时期的齐国学者和思想家邹衍（公元前305年—公元前240年）（钱穆，2015；中国历史大辞典编纂委员会，2000）。

历史书籍对邹衍的记录甚少，只知其属阴阳家之列。其学说载于司马迁的《史记·孟子·荀卿列传》中，其说全文如下：“以为儒者所谓中国者，于天下乃八十一分居其一分耳。中国名曰赤县神州。赤县神州内自有九州，禹之序九州是也，不得为州数。中国外如赤县神州者九，乃所谓九州也。于是有裨海环之，人民禽兽莫能相通者，如一区中者，乃为一州。如此者九，乃有大瀛海环其外，天地之际焉”。

过去，许多作者将邹衍的学说称之为“大九州说”（唐锡仁等，2000；中国海洋学会，2015；宋正海等，1986；中国科学院自然科学研究所地学史组，1984），并对其进行了全面正确的评价。这里不多赘述。这里主要从海洋角度来讨论邹衍的“大瀛海说”。邹衍说：“中国外如赤县神州者九，乃所谓九州也。于是有裨海环之，人民禽兽莫能相通者，如一区中者，乃为一州。如此者九，乃大瀛海环其外，天地之际焉”。这就是说，几个大洲之外都有裨海环绕，洲与洲之间不相通，为一独立的地理单元。如此分为九个大洲，在九大洲之外有更大的海——大瀛海环绕之。

上述邹衍说中的裨海，古人称之为小海，就是现在所说的边缘海，徐坚说：“凡海四通谓之裨海，裨海外复有大瀛海环之”。就我国而言，就是指渤海、黄海、东海和南海等。就世界而言，有更多的边缘海。“裨海”一词直到清代仍在使用。“大瀛海”一词则明显地指海外之海，也就是大洋。事实证明，世界上除中国所在的赤县神洲之外，还有数大洲，各大洲外有裨海，裨海之外有更大的海——大洋，只是名称不确定，分布格局与真实世界不同而已。由于先秦时代尚无“洋”或“海洋”一词，故名之为“大瀛海”。

邹衍的“大瀛海说”，在战国时期提出具有其前述社会背景、经济背景和科学技术背景，特别是航海技术的发达和航海实践的丰富经验，为“大瀛海说”提供了丰富的素材。现在认为这是一种海洋开放型的地球观。就当时而言是一种非常先进的具有卓识远见的科学成就。就当时的世界而言，是很先进的。由于当时接触海洋的人毕竟是少数，加之后来儒学长期统治着文化科学事业，所以人们认为邹衍的学说荒诞，甚至记录其学说的司马迁也认为“其语闳大不经”，以致该学说在我国两千多年的封建社会里不但没有发扬光大，而且经常被人贬损。

（2）地形夷平的论述

剥蚀面（均夷面）的概念是阿·彭克和戴维斯于1889年提出的一种特殊地貌概念。阿·彭克将其用称为波状平原，而戴维斯将其称准平原。这两位作者都把均夷面看作残余在地形切割得比较厉害而后又为侵蚀作用和剥蚀作用所削低了的地面（马尔科夫K K，1957）。剥蚀面、均夷面又称夷平面，而形成夷平面的过程，则称为夷平作用或夷平过程。

地貌水平面或夷平面问题，历来都是地貌学的基本问题。

地貌的隆起与夷平，是地球内外力相互作用的结果。地球上的巨大隆起或凹陷是地球内力形成的，而地表的流水作用等外力作用将它们蚀低填平，这就是夷平作用。在我国先秦的文献中这种作用都有不同的表述：《诗经·十月之交》有“烨烨震电，不宁不令。百川沸腾，山冢崒崩，高岸为谷，深谷为陵”的一场大地震的过程与结果。这是一场典型的地球内力作用下，重新塑造地球面的写照。新的高山低谷形成之后，便重新遭受流水的侵蚀，物质从高处移向低处，“夫天地成而聚于高，归物于下”（《国语·周语下》）。《吕氏春秋·季秋纪·审己》云：“水出于山而走于海，水非恶山而欲海也，高下使之然也。”庄子说：“秋水时至，百川灌河，泾流之大，两涘渚崖之间，不辨马牛。”“激水之疾，至于漂石也，势也”（《孙子兵法·势篇》），其结果，“川壅而溃”，“川竭而谷虚，丘夷而渊实”（《庄子·胠箧》）。“天与地卑，山与泽平。”（《庄子·天下》）“山渊平，天地比”（《荀子·不苟篇》），隆起的地面被重新夷为平地。

这样便成了地貌夷平理论。尽管先秦时期的地貌夷平理论，尚无完整系统的叙述，但其地貌思想的提出比阿·彭克和戴维斯早2 000多年，而经孙兰完善的“变盈流谦”说也比阿·彭克等人的地面均夷说早了300年。可见我国自先秦时起至清代，某些地貌学理论比西方要先进。

（3）关于流沙

流沙一辞（词）在先秦古籍中多次出现，最早出现于《尚书·夏书·禹贡》一文中：“导弱水至于合黎，余波入于流沙”，又说：“东渐于海，西被于流沙”。以后多部著作出现“流沙”一词，《山海经·西山经》：“泰器之山，观水出焉，西流注于流沙”，“西水行四百里，曰流沙”。《山海经·东山经·东三经》：“又南水行五百里，曰流沙。行五百里，有山焉，曰跂踵之山”“又南水行五百里，流沙三百里，至于无皋之山，南望幼海，东望榑木”。《山海经·海内西经》：“流沙出钟山西行，又南行昆仑之虚，西南入海。”《管子·小匡》：“县车束马，逾大行与卑耳之溪，拘泰夏，西服流沙西虞，而秦戎始从。”《楚辞·招魂》：“西方之害，流沙千里些。”《楚辞·大招》：“西方流沙，漭洋洋只。”《吕氏春秋·孝行览·本味》：“流沙之西，丹山之南，有凤之丸。”

首先，流沙并不是一个地名，这在《山海经》及《楚辞》诸书中多所反映，如《山海经·北山经》：“又北三百二十里，曰灌题之山。其上多樗柘，其下多流沙。”《山海经·北山经》：“又北水行五百里，流沙三百里，至于洹山。”（《山海经·海内东经》：“国在流沙中者埻端、玺㬇，在昆仑虚东南。一曰海内之郡，不为郡县，在流沙之中。”）“忽吾行此流沙兮，遵赤水而容与。”（《楚辞·离骚》）《楚辞·招魂》：“西方之害，流沙千里些。”《楚辞·大招》：“西方流沙，漭洋洋只”等。上述不难看出，流沙并不是一个地点或一个地名，而是“流沙三百里”“流沙千里”“漭洋洋”，是成片分布的。

其次，流沙不只分布在西方或北方，而是分布在四面八方。《山海经》的记述，表现得最为典型，兹摘录数条如下。

“又西百八十里，曰泰器之山。观水出焉，西流注于流沙。”（《西山经·西次三经》）

“又北三百二十里，曰灌题之山。其上多樗柘，其下多流沙。”（《北山经·北山经之首》）

“又南水行五百里，流沙三百里，至于无皋之山，南望幼海，东望榑木。”（《东山经·东次三经》）

“南海之外，赤水之西，流沙之东，有兽，左右有首，名曰跊踢。”（《山海经·大荒南经》）

“西海之南，流沙之滨，赤水之后，黑水之前，有大山名曰昆仑之丘。”（《山海经·大荒西经》）

“西北海外，流沙之东，有国曰中辐。”（《山海经·大荒北经》）

流沙之分布：由前述引文可知，在我国先秦古籍中，流沙分布是很广泛的，西可达酒泉、张掖一带。《山海经·海内经》经中的壑市国、朝会国、鸟山、死山在张掖一带；北达合黎山以北，即今之内蒙古的巴丹吉林沙漠，东至北姑射山（今荣成之成山）和无皋山（今青岛之崂山）（郭世谦，2011）。当然，在当年人类活动最集中、最活跃的秦岭周边也存在面积大小不等的“流沙”。

有人会问，我国沿海哪有沙漠呀？所以一接触到《海内东三经》中“流沙”时就避而不谈。实际上，这里有两个问题需解决：第一，“流沙”面积不一定都很大，都要像巴丹吉林、毛乌素、柴达木等沙漠那样，面积达几平方千米到几千平方千米的沙漠，对先秦时期的人来说，也是非常可观的，不要忘记，当时一个小城堡就是一个“国家”。第二，“流沙”一词非常形象地表达了这一概念最基本的特征：流沙—流动的沙。在海滨地带，特别是砂质海岸，由于海边发育有广阔的海滩，当干旱季节吹刮大风时，海滩上的沙被风扬起，随风而行，到适合的地点便停积下来，形成沙丘或沙地，宽几百米到几千米，这在我国辽宁、河北、山东、福建、广东、海南等地均能见到。因此，《山海经》中，在我国沿海地区出现“流沙”的记述并不稀奇。宋代诗人杨万里用诗描述了他在广东海边遇到风沙活动的情形：“海滨半程沙上路，海风吹起成烟雾。行人合眼不敢觑，一行一步愁一步。步步沙痕没芒履，不是不行行不去。若为行到无沙处，宁逢石头啮足拇。宁蹈黄泥贱袍裤，海滨沙路莫再度。”（杨万里，2012）

再次，关于“流沙”地貌过程及流沙地貌的描述汉代王逸在注“流沙”时说：“流沙，沙流如水也”“流沙，沙流而行也”。张揖说：“流沙，沙与水流行。”颜师古反驳张揖说：“流沙但有沙流，本无水也。”

上述可见，流沙的流动有两种解释，一种是王逸和颜师古的说法“流沙，沙流而行也”“流沙但有沙流，本无水也”。这就是说，流沙是沙在风的作用下，在地面以上的一定高度内随风而流，其中大部分沿地面而流，此处并没有水流的作用，这就是典型的风输运沙的过程，因此，王逸和颜师古的说法是正确的。第二种解释则是张揖的说法。而张揖的说法则是一种水沙过程，即水搬运泥沙的过程，这种见解用来解释“流沙”不合适。

在先秦的文献中对“流沙”形成的地貌形态没进行详细的描述，只是写了“流沙千里”“漭洋洋”。从远处看平整广阔，一望无涯漭洋洋。但在稍晚的《尔雅》一书中有“逦迤，沙丘”。用现代话来说就是曲曲折折绵延的小土山称为沙丘。宋代邢昺解释沙丘时说：“丘形邪行连接而长者名沙丘。”洪兴祖在补注《楚辞》时说：“《尚书》所谓流沙者，形如月生五日。”即沙丘呈新月形。说明，在先秦时代已有了沙丘链（沙丘）的概念（《尔雅》），以后又逐渐形成了新月形沙丘的概念。可见“流沙”的概念在我国也在不断地加深认识和发展。

（4）关于湿地

直到20世纪50年代初，国际社会才意识到湿地对人类生存的重要意义。1971年，英国、加拿大等18国和伊朗签署《关于特别是作为水禽栖息地的重要湿地公约》简称《湿地公约》，又称《拉姆萨尔公约》，旨在通过国际合作，保护重要的湿地系统，特别是作为水禽主要栖息地的湿地。1992年中国加入《湿地公约》。到2008年4月，已有158个国家加入该公约（吕宪国，2008；刘子刚等，2008）。说明世界大多数国家直到20世纪才重视湿地这一重要问题。

事实上，世人对湿地早有认识，只是没有将其称为湿地而已。我国早在先秦时期就提出了十多个与现代湿地相关的词语，它们是：浸、湖、泽、菹泽、沛泽、斥泽、薮、隰、沮洳、皋、湛（潭）、洿、潴（潴）、池、沼、雝、淖、泥等。按《湿地公约》给出的湿地定义，它们都属于湿地范围（刘子刚等，2008）。但它们属于不同类型的湿地：其中的洿、池、沼、雝属于人工湿地，其余皆为自然湿地。自然湿地又分为若干类和亚类。湖、浸为长期有水的淡水湿地，湖又称陂。泽为经常有水，水草茂盛的地方。泽又分为三个亚类：沛泽、菹泽为水草丰富的淡水泽，斥泽为咸水泽。薮为多水草的湿地，它与泽的区别是无水而多草木，即现在称的过湿的湿地。潴（潴）即表示积水过程，是积水洼地。隰为低潮湿的湿地，它与薮的区别是它不过湿，有树木生长。沮洳指水边的湿地。淖和泥均指泥塘。

由上述看出，在先秦时期，我们的先人对湿地已经有了较深的认识，虽没有概括出统一完整的概念，但对不同类型及亚类有着较深认识并给出了相应的定义。

先秦时期的人，对于湿地的重要意义有比较深刻的认识。《管子·轻重甲》说：“山林，菹泽、草莱者，薪蒸之所出，牺牲之所起也。”《管子·主政》又说：“山泽不救于火，草木不植成，国之贫也。”因此管子指出：“故为人君而不能谨富守其山林、菹泽、草莱，不可以主为天下王。”（《管子·轻重》）正因对湿地之于人类的重要性有清醒的认识，因此，提出了严加管理，适度开发的政策。管子说：“山林虽广，草木虽美，禁发必有时；国虽充盈，金玉虽多，宫室必有度；江海虽广，池泽虽博，鱼鳖虽多，网罟必有正，船网不可一财而成也。”（《管子·八观》）反对竭泽而渔，焚薮而田，“竭泽而渔，岂不获得，而明年无鱼。焚薮而田，岂不获得？而明年无兽”（《吕氏春秋·孝行览·义赏》）。因此，“薮泽以时禁发之”（《管子·幼官图》）。为此，在周代制定了全国山川泽薮的管理制度，设专职官员进行管理，如地官司徒中大司徒职责：“以天下土地之图，周知九利之地域广轮之数，辨其山、林、川、泽、丘、陵、坟、衍、原、隰之名物……”其下还设若干专职官员：如稻人、土训、山虞、林衡、川衡、泽虞……夏官司马，下设职方氏，职方氏下还没有川师、原师、山师……如前所述“薮泽以时禁发之”，不能随时开发采集狩猎，什么时候做什么事都有明确规定。据《吕氏春秋》记载，仲春（夏历二月）：“是月也，无竭川泽，无漉陂池，无焚山林”。孟冬，“是月也，乃命水虞渔师收水泉池泽之赋，……”总之要“人法地，地法天，天法道，道法自然”。按自然规律办事，大自然就会不间断地报答人类。

（5）九江与九河：我国先秦时期对我国河流过程中河流分汊现象的记录与研究

在《尚书·夏书·禹贡》中有“九江孔殷”和“导河……北过降水，至于大陆。又北，播为九河，同为逆河，入于海”，“九河既道”的记载。

对九江和九河早在汉代就进行了考证和说明，此处不再赘述。此处主要讨论的是《河流地貌学》中或《河流演变学》中的河流分汊问题。通过前文考证证明了九江和九河，是同源形成的河流分支，即汊河，而不是由九条河流汇为一条河流。这就说明了先秦时期我们的先人们注意到山地河流出山口进入平原后河流的重要变化，即长江和黄河出山口进入平原之后由于河床坡度（比降）发生了巨大变化，单一的平原河床已容纳不了奔腾而来的大量山地河流的河水，于是河流便在某些地貌条件下，如小突起、硬质地层或人为作用等因素影响下，分散开来，形成多条汊河，排泄山地来的河水，以达到河水与地貌的平衡。当然，并非所有山地河流出山后都形成九条汊河。在古代“九”字有多的意思，因此，尽管九江、九河的考证者确凿地给出了九江和九河的名字，但在《禹贡》一书形成之时并不一定是九条江和九道河，可能比九多，也可能比九少，总之是有多条汊河形成。

河流的分汊现象如上所述，是河流地貌学中的重要问题，众多的地貌学家和水利专家对其进行研究，并取得了重要成绩，但这是近百年，甚至是近几十年的事（钱宁等，1989）。而九江和九河概念（即汊河的概念）的提出是在距今2 000多年之前的事，这就说了我国在2 000多年前的先秦时代就注意到了河流分汊这一重大的地貌问题，这在科学史上是一个非常重要的发现。

第四节　小结

前文讨论了我国先秦三代时期的地貌学成就。从讨论可知，我国先秦时期的地貌学成就有以下几点。

第一，提出了众多的地貌学词语——先秦时期的地貌学术语，并给出了当时地貌认识水平的解释。其中有些词语的概念和现代地貌学的概念基本一致，便被保留下来，成为现代地貌学的术语；有些词语形成于当时的科学认识水平，和现代的概念有较大差异，但词语本身确有很多的价值，于是修正了原有的词语的概念，给他们新的含义，使该词语保留下来，构成新现的地貌学术语，如山、丘、岸等。还有一些词语因种种原因便逐渐消亡了，而保留下来的词语多数成为现代地貌的核心术语。

第二，地貌学的理论研究取得了杰出的成就。

首先是地貌分类与分级的研究，如前所述，地貌的分类与分级是对各类地貌有较深的认识，并有一定积累的前提下提出来的，并为下一步深入研究搭建一个新的平台。

地貌的成因分类，是对地貌形成机制有了一定的认识之上才提出来的。先秦时期提出的地貌分类代表了当时的地貌研究水平，如首先将地貌分为自然成因地貌和人工地貌，如“丘”和“京”、“州”和“潏”、“渍”和“坟”等，这是当时对地貌成因机制认识的重要成果。孙子基于战争实践的地形分类，管子对河流的分类等都是地貌分类方面的重要成就。当然也不能不说，当时对地貌认识尚不十分深入，其分类尚处于原始状态，显得稚嫩，如对山和丘的分类便是如此，但这些分类出现在距今 2 000 多年前的文化初创期是非常可贵的。

地貌分级的研究，在先秦时期也取得了可观的成就，当时提出的河流分级就比 19 世纪末霍顿等人提出河流分级早了 2 000 多年，尽管先秦时期的河流分级没有霍顿的完美，理论阐述也不够完善，但这种分级思想与分级的事实都证明先秦时期我国地貌学的先进性。

“丘夷而渊实”“山与泽平”的地面夷平——地貌夷平思想是庄子等人提出来的，其提出时间是在公元前 3 世纪，这比 19 世纪末阿·彭克和戴维斯提出的“地貌夷平面”理论也早了 2 000 年。

第三，邹衍的“大瀛海说”，是当时世界上先进的科学假说。邹衍在我国航海事业取得了快速发展，人们获取了丰富的航海经验及传说的基础上提出了“大九洲说”或“大瀛海说”即“大海洋说”，对世界结构提出了自己的假想和推测，虽然他的假想和推测与实际的世界并不一样，然则，他的基本思想是正确的，即世界并不只有“赤县神洲”，而是洲外有洲，海外有海，小海外有“大瀛海”，即现在的大洋。邹衍的这种大海洋观虽然被认为“闳大不经”，但经后世证明，邹衍的“大海洋说”的方向是正确，世界确实洲外有洲，海外有海，因此，邹衍的“大瀛海说”是一个伟大的科学假说。

第四，在先秦时代，虽然没有出现《地形学》《地貌学》之类的专门著作，但出现了《山海经》《禹贡》等专门的地理著作，在这些著作中论述了我国数百座山丘和河流、湖、泽、沙漠等大量的地貌资料，同时还提出了干河、九江、九河、逆河、流沙等重要的地貌现象和地貌概念。另外有众多的地貌知识散见于《管子》《孙子》《列子》《庄子》等著作中，这些著作的地貌学成就不仅与当时世界水平相较是先进的，甚至领先于19世纪世界地貌学理论形成时期的地貌学2 000多年。

上述表明，在我国先秦时期，也就是我国文化发展的第一个高峰期，我国的地貌学和历史学、文学、哲学和军事学（兵法）一样，取得了非常辉煌的成就，这既是我们民族的光荣，也是对世界科学的贡献。生活在当代的中国地貌学家要发扬我国古代科学家治学精神，为我国地貌学的发展而不懈努力。

参考文献

[清]毕沅校注，吴旭民校点.2017.墨子.上海：上海古籍出版社.

陈戌国校点.2006.周礼、仪礼、礼记.长沙：岳麓书社.

地理学名词审定委员会.2007.地理学名词.北京：科学出版社.

冯天瑜，杨华.2000.中国文化发展轨迹.上海：上海人民出版社.

高明，涂白奎.2008.古文字类编（增订版）.上海：上海古籍出版社.

郭郛.2004.山海经注证.北京：中国社会科学出版社.

[晋]郭璞，[宋]邢昺. 2010.尔雅注疏.上海：上海古籍出版社.

[晋]郭璞注，[清]郝懿行笺疏，沈海波校点.2015.山海经.上海：上海古籍出版社.

管锡华译注.2015.尔雅.北京：中华书局.

郭庆藩撰，王孝鱼点校.2013.庄子集释.北京：中华书局.

郭世谦.2011.山海经考释.天津：天津古籍出版社.

国家质量技术监督局.2000.中华人民共和国国家标准 GB/T 18190-2000，海洋学术语 海洋地质学.北京：中国标准出版社.

黄德宽等.2014.古汉字发展论.北京：中华书局.

蒋伯潜.2016.诸子通考.北京：中华书局.

[清]焦循撰，沈文倬点校.2017.孟子正义.北京：中华书局.

[汉]孔安国传，[唐]孔颖达正义.2014.尚书正义.上海：上海古籍出版社.

黎翔凤撰，梁运华整理.2018.管子校注.北京：中华书局.

李炳海.2012.中国诗歌通史 先秦卷.北京：人民文学出版社.

李炳元，李钜章.1994.中国1：400万地貌图.北京：科学出版社.

李万寿.1993.晏子春秋全译.贵阳:贵州人民出版社.
[汉]刘向辑,[汉]王逸注,[宋]洪兴祖补注,孙雪霄校点.2015.楚辞.上海:上海古籍出版社.
刘跃进.2011.中国文学通史 先秦至隋代文学.南京:江苏文艺出版社.
刘子刚,马学慧.2008.中国湿地概览.北京:中国林业出版社.
陆玉林.2004.中国学术通史 先秦卷.北京:人民出版社.
吕宪国.2008.中国湿地与湿地研究.石家庄:河北科学技术出版社.
马尔科夫 K K .1957.地貌学基本问题.陆恩泽,杨郁华译.北京:地质出版社.
[汉]毛享传,[汉]郑玄笺,[唐]孔颖达疏,[唐]陆德明音释.2013.毛诗注疏.上海:上海古籍出版社.
缪文远,缪伟,罗永莲译注.2014.战国策.北京:中华书局.
钱穆.2015.先秦诸子系年.北京:商务印书馆.
钱宁,张仁,周志德.1989.河床演变学.北京:科学出版社.
任俊华注释.2000.韩非子.北京:华夏出版社.
沈玉昌,龚国元.1986.河流地貌学概论.北京:科学出版社.
[汉]司马迁撰,[宋]裴骃集解,[唐]司马贞索隐,[唐]张守节正义.2013.史记(点校本,二十四史修订本).北京:中华书局.
宋正海,郭永芳,陈瑞平.1989.中国古代海洋学史.北京:海洋出版社.
孙光圻.2005.中国古代航海史.北京:海洋出版社.
[春秋]孙武撰,[三国]曹操等注,杨丙安校理.2016.十一家注孙子校理.北京:中华书局.
唐锡仁,杨文衡.2000.中国科学技术史.地学卷.北京:科学出版社.
[魏]王弼注,[晋]韩康伯注,[唐]孔颖达疏,[唐]陆德明音义.2013.周易注疏.北京:中央编译出版社.
[魏]王弼注,楼宇烈校释.2016.老子道德经注校释.北京:中华书局.
王成祖.1982.中国地理学史.北京:商务印书馆.
王思平,傅云龙注释.2001.孙子.吴子.北京:华夏出版社.
王凤阳著,张世超修订.2018.汉字学.北京:中华书局.
[清]王先谦集解,方勇校点.2015.庄子.上海:上海古籍出版社.
[清]王先谦撰,沈啸寰,王星贤点校.2016.荀子集解.北京:中华书局.
[清]王先慎撰,钟哲点校.1998.韩非子集解.北京:中华书局.
吴毓江撰,孙啟治点校.2014.墨子校注.北京:中华书局.
徐鸿儒.2004.中国海洋学史.济南:山东教育出版社.
[唐]徐坚,等.2010.初学记.北京:中华书局.
徐正英,邹皓译著.2016.春秋穀梁传.北京:中华书局.
[汉]许慎.2011.说文解字(注音版).长沙:岳麓书社.
许维遹撰,梁运华整理.2013.吕氏春秋集释.北京:中华书局.
[宋]杨万里.2012.杨万里笺校.北京:中华书局.
喻沧,廖克.2010.中国地图学史.北京:测绘出版社.
袁行霈,严文明,张传玺,等.2014.中华文明史.北京:北京大学出版社.
袁运开,周瀚光.2000.中国科学思想史.合肥:安徽科学技术出版社.
[晋]张湛著,[唐]卢重玄解,[唐]殷敬顺,[宋]陈克元释文,陈明校点.2014.列子.上海:上海古籍出版

社 .
张维青,高毅清.2010.中国文化史.北京:人民出版社 .
中国海洋学会.2015.中国海洋学学科史.北京:中国科学技术出版社 .
中国历史大辞典编纂委员会.2000.中国历史大辞典.上海:上海辞书出版社 .
中国科学院自然科学史研究所地学史组.1984.中国古代地理学史.北京:科学出版社 .
周成虎.2006.地貌学辞典.北京:中国水利水电出版社 .
周成虎,程维明,金钱凯.2009.数学地貌遥感解析与制图.北京:科学出版社 .
[宋]周去非著,杨武泉校注.2006.岭外代答校注.北京:中华书局 .
[战国]左丘明.2015.国语.上海:上海古籍出版社 .
[战国]左丘明.2017.左传.上海:上海古籍出版社 .
[宋]祝穆撰,祝洙增订,施和金点校.2003.方舆胜览.北京:中华书局 .

中国海岸带地貌调查研究简史*

我国不仅是陆地大国，而且是海洋大国，有着漫长的海岸线和宽阔的丰富多彩的海岸带，生活在滨海地区的劳动人民自古就与海洋打交道，享受着海洋的渔盐之利和舟楫之便，同时也与恶劣的自然环境和外国侵略者进行着殊死的抗争，并从中积累了大量的海洋知识，其中当然包括海岸带地貌知识。

总结我国人民在漫长历史中积累起来的海岸带地貌和海岸调查研究的经验教训，无疑对我们今天的海岸带和海岸带地貌的研究和海岸带开发活动具有重要意义。

在我国，研究海岸带和海岸带地貌调查研究史的著作尚不多见，仅见的几部著作，如中国科学院自然科学史研究所主编的《中国古代地理学史》（1984）、宋正海、郭永芳、陈瑞平的《中国古代海洋学史》（1989）和唐锡仁、杨文衡主编的《中国科学技术史·地学卷》（2000）等，这些著作多是从综合的角度来研究中国古代地理学史的，关于海岸带和海岸带地貌的内容就很有限，即便是《中国古代海洋学史》有较多的篇幅讨论海岸带地貌学研究问题，但也显得深度不够，条理不清，加之各著作断代所限，对清末以来调查研究史未能入书，使欲了解中国海岸带地貌研究史全貌的人，不得其门。本文试做这方面的尝试，但由于作者知识浅薄，手头资料有限，自觉做这项工作有些自不量力，所做的工作深度不够自不必说，错误百出更在所难免，姑且将本文作为不完善的资料来阅读，以便抛砖引玉。

第一节　海岸带地貌知识的萌发期
（原始社会至魏晋南北朝时期）

一、史前时期的海岸带地貌知识

这里主要讲新石器时期人们对海岸带地貌的初步认识。

---

* 作者：王文海　吴桑云

对于人类发展而言，到了新石器时期，人类社会有了质的飞跃。首先表现在经济上由单纯依赖狩猎和采集为生阶段，逐渐转入农业经济阶段。有了农业生产，便大大改善了人们的生活条件，也改变了人们的生活方式，从而也促进了社会经济和文化进步；其次，改进了石器制造工艺，由打制改为琢制和磨制；再次，发明了陶器，从而更便于人们熟食和定居；第四，大部分游猎人群开始“降丘宅土”（《尚书·禹贡》），筑房定居，形成大小聚落，甚至出现城堡，形成聚落中心；第五，饲养业有了新的发展；第六，出现了纺织业；第七，出现了原始宗教和对神的崇拜；第八，出现了更加精巧的装饰品和宗教艺术品；第九，由母系社会进入父系社会；第十，由石器时代进入金石并用时代，出现了私有制的阶段，进而原始社会瓦解进入奴隶社会（唐锡仁等，2000；苏秉琦，2010；于宝林，2010）。

新石器时期和夏代人们的海岸带地貌知识主要是通过考古文化遗存和后世人们的只言片语的记载来获取的。

远古人首先要解决衣食住行问题，即住要安全，食能果腹。

居住海滨的人们的长期生活经验告诉他们大海有潮涨潮落，时而平静柔顺，时而狂涛骤起，要吞噬一切，令人惶恐。远古人们为了避开这令人生畏的地方，就要选择离岸边较远的地方去居住生活。我国沿海地区贝丘遗址的分布，就说明了我国远古人们对海洋现象、海岸带地貌有了一定的认识，同时也反映出了当时人们的生产活动和食物来源。

考古资料表明，我国山东、上海、广东、广西沿海地区均发现有贝丘分布。这些贝丘的共同特点是：三面或一面邻近山丘，另一面或两面则面向河谷平原或洼地，中心部位一般位于一个较高的台地上，海拔20~30米；贝丘距海岸6千米以内。贝丘主要由各种贝类组成，另外还埋藏有各种文物，如石器、渔具等（烟台市文物管理委员会等，1997）。上述考古资料说明了以下几个方面的问题：远古人将居址选在距海有一定距离的20~30米高台地上，说明了人们对海洋有一定的认识，居址选在这种部位即远离了海浪与风暴潮的侵袭，又能在地势较平的地方定居，安排氏族人们的生活；同时又邻近河谷、低地与海岸，保证在居地附近找到水源；同时反映了渔猎是远古人的重要生产方式，贝类是他们猎取的重要食物，尽管我国沿海各地猎捕的贝类品种有所不同（唐锡仁等，2000）。

舟船的发明与制造，是我国远古人们的智慧结晶并为认识海岸地貌提供了新的工具。

从我国古代文献记载来看，对我国独木舟的发明者则众说纷纭，如《世本》说：“共鼓，货狄造舟”；《周易·系辞》说：“伏羲氏刳木为舟，剡木为楫”；《山海经》说：“番禺始作舟”；《物原》说：“轩辕作舟”；《墨子非儒下》说：“巧垂作舟”。《墨子·辞过》说：“圣王作为舟车，以便民之事”；《发蒙记》说：“伯益作舟”；《吕氏春秋》说：“虞姁作舟”；《拾遗记》说：“轩辕变乘桴以造舟楫”……不一而足。从中也难辨出谁是第一个造舟者，但《世本》中说“古者观落叶因以为舟”；《淮南子》中说“见窾木浮而知为舟”则是有道理的。虽然我们从古代记载中不能知道何时何人造舟，但却能在考古发掘成果中找到何时何地有造舟楫遗存，从而比较确切地确定舟楫出现的时间和地点。

考古研究资料表明，自20世纪50年代以来，至少有20多次考古发掘中发现舟船遗存或与之相关的遗存，它们的时间为隋唐至新石器时期的早期，其中最早的有浙江萧山跨湖桥遗址的独木舟，距今约8 000年（新石器早期）；浙江余姚河姆渡遗址出土的六支独木舟桨和舟形陶器，距今7 000年；辽宁省丹东的舟形陶器，距今6 000年等。由上述考古资料可知，我国舟楫的发明时间至少可上溯到距今8 000年前，而且不是一人一地发明的。由于舟船的发明，一方面大大方便了人们的出行条件，同时也让人们在使用舟船过程中要逐渐熟悉周边环境；要了解什么地方可以出海，什么地方可以行船，什么地方可以停泊避风等地形地貌条件，什么地方可以煮海晒盐，从而也逐渐积累了海岸带地貌知识。

2009年12月2日，《齐鲁晚报》发表了一篇题为《潍坊发现东周盐业遗址群》的报道。该报道说，潍坊文物普查队在文物普查工作中，在潍坊滨海区央子街道办事处发现4处盐业遗址群，由109个古代盐业遗址组成，其中有龙山文化遗址1个，商代至西周早期遗址14个，东周遗址86个，先秦共101个。

上述报道至少可以表明，早在龙山文化时期莱州湾周边的人们就已经学会了用海水煮盐，因此，才会出现了《禹贡》所说的“海岱惟青州，……海滨广斥……厥贡盐絺，海物惟错……浮于汶，达于济”的记载。

从上述简短的引文中不难看出，如果说《禹贡》一书是描述夏代的情况，即龙山文化时期的情况，那么从上述引文可以知道：莱州湾南岸“海滨广斥”，即当地低平且土多碱卤；当地已有盐业和渔猎，故有“厥贡盐絺，海物惟错”；已利用舟船进行运输，因此才会说“浮于汶，达于济”。

由上述可知，我国在新石器时期，在文字和金属（铜器）工具出现之前，远古的人们为了生存，在和自然界斗争的过程中逐渐认识了其生活在身边的、与其生存密切相关的海岸带的一些特征，因此才能正确地选择居址，开展渔猎、煮盐、航行、驻泊等活动。

二、先秦时期的海岸带地貌知识

从历史分期角度讲，商、周处于两个历史时期，商代为奴隶社会时代，而周为封建社会时代，但从文字形成和发展来看，则是文字形成演变、逐渐统一时期。这一时期由于铜器的出现，生产大为发展，社会的商品交流增多，航海业也得到相应发展，这时期不但有近海航行，而且有远海航行，“周代的吴、越人”“水行而山处，以船为车，以楫为马，往者飘风，去则难从”。成书于先秦时代的《禹贡》中有“浮济、漯，达于河”“浮于济，达于河”“浮于潍、泗，达于河”等七处记述，同时还有“岛夷皮服，夹右碣石入于河”和“沿于江、海，达于淮泗”的记载。上述说明，在商周时期，不但有舟船的内河航行，还有近海航行。

在与海外交往方面，我国古代文献也有一定的记载，如《韩诗外传》卷五就有“周成王之时……越裳氏重九泽而献雉于周公”。《尚书大传》卷五亦有“交趾之南，有越裳国”，“周成王时，越裳氏来献白雉”。王充在他的《论衡·儒增》篇中也说过，周成王时“越裳献白雉，倭人贡鬯草”。据考，越裳在今越南北部，倭人即古日本人之称呼。可见周朝时和日本、越南已有船只往来，进行海上交通。

到了商周时期生产力获得较大发展，以制盐为例，前述的《齐鲁晚报》报道的潍坊央子的古盐业遗址，龙山文化期（夏代）只有1个，商和西周早期14个，到了东周（春秋、战国）时期就多达86个，这就说明盐业有了较大发展。

航海业和盐业的发展，相伴随的也必然是海洋知识和海岸带地貌知识的增加。

随着社会生产力的提高，人们交往频繁，人们的知识也在不断地增加，表达人们思想和各类活动的原始记录方式，如刻划、结绳记事等办法已不能满足社会日益发展的要求，文字相随而出现。虽然现在还不能确切地说明我国最古老的文字出现在什么时候，但商殷中期的甲骨文已是我国的成熟文字了。

有了文字，人们便把他们认识的事物、经历的事情及人与人的交流等记录下来，随着文字的发展与演化，以及社会的进步，有关记录海洋及海岸带地貌知识的文字也随之增加。此处根据高明等编著的《古文字类编》中商、周出现的有关文字介绍如下。

甲骨文中的有关字有：山、阜、丘、京、川、谷、水、河、台、州（洲）、陆、湄、渊、泉等字。

金文等文献中也出现有关的字。西周时的有：冢、海、潮、沙；春秋战国时的字有：台、地、滩、波、皋、坳、堤、渚、泥、沟、穴等字。

有文字之初多为象形文字，即人们需记录什么，就将其形象地描绘出来，如州字就写作“[illegible]”，意味着州（洲）就是水中的一块陆地，从而可知殷商时期人们是有州（洲）、丘、河等概念的。

到周代除象形文字外又出现了会意文字，人们对事物的认识也越来越深入，因此，相应的文字也就不断增加，在此时期相应的就出现了诸如海、潮、波、滩、堤、渚等文字。

有了文字之后，就有书籍的出现，《书》《尚书》或后世称的《书经》就出现在先秦时代，《尚书》中的《禹贡》一篇被多数人认为成书于战国时代的地理书。该书不但歌颂了大禹披九山、通九泽、决九河、定九洲之功，同时还记述了当时的政治制度、行政区划、山川分布、交通物产、水土治理、贡赋等情况，是我国最早的地理著作，同时还通过该书表达了河、海交通状况，渔业、盐业生产情况等，从而也看到了人们对海岸地貌的认识，如前文引述的“海岱惟青州……海滨广斥，……厥贡盐絺、海物惟错，……浮于济，达于河”。“岛夷卉服，厥篚织贝……沿于江、海，达于潍泗”，“岛夷皮服，夹右碣石入于河”等。上述引文至少说明沿海地区人们沿海地形地貌及海洋河流有一定的认识才能进行盐、渔业生产，才能进行近海与内河的航行。

《尚书·禹贡》中，不但记述了我国夏禹时的地理政区，山丘川泽物产资源和交通状况，还提出了不少地貌学概念。例如，“……导河积石，至于龙门……北过降水，至于大陆。又北，播为九河，同为逆河，入于海”。这短短的文字中，就提出了两个非常重要的概念：即九河和逆河。这里的九河是指禹时代的黄河至大陆泽以北，河分汊为九条，即《尔雅·释水》所说的徒骇、大史、马颊、覆釜、胡苏、简洁、钩盘、鬲津等九条河流，统称之为“九河”。实际上这里讲的是一种地貌现象，即黄河出山区进入滨海平原区后，河流比降陡然降低，单一的河流便分汊，形成众多汊河。有人认为“九”是多的意思，不一定就是九条，因此，“九河”一词实际上是河流由山区进入平原区的河流分汊现象，这显然与现代的地貌概念相近。

“逆河”：“下尾合名为逆河，言相向迎受。”（郑玄注）王肃：“同逆一条大河。纳之于海。”用现代的话来说：黄河过大陆泽之后的九河，同逆于黄河而注入渤海，即九河在涨潮时河流的流向是黄河入海的相反方向，即逆流而上，便成了“逆河”，而在落潮时九河河水都注入渤海。因此，“逆河”的概念，相当于现代《河口地貌学》河口分段中的河流河口段，或河口潮流作用段——从河口至河口区的潮流界（钱宁等，1989）。可见，《禹贡》提出的“逆河”概念，很接近现代的河口学河口分段中的河口段的概念。

春秋战国之时，是学术纷争百家争鸣、文化元典形成的时代。在地理方面，战国时期的齐国人邹衍就提出了“大九洲说”或“大瀛海说”，该学说虽然没有完整的书籍留给后代，但其中心思想在司马迁的《史记》中得以记载，其全文如下：“所谓中国者，于天下乃八十一分居其一耳，中国名曰赤县神州。赤县神州内自有九州，禹之序九州是也，不得为州数。中国外，如赤县神州者九，乃所谓九州也。于是有裨海环之。人民禽兽莫能相通者，如一区中者乃为一州。如此者九，乃有大瀛海环其外，天地之际焉”。邹衍的“大九洲说”，虽然和世界的真实情况不一样，但在生活和科学文化尚不发达的时代，他根据人们航海的经历和海滨的所见所闻，提出了世界地理构成的大猜想，在那个时代是非常先进的科学假说了。由于受中国传统思想的影响，他的学说一直被当作奇谈怪论，而没有被继承发扬光大。但他看到了世界不仅仅只有中国这么大，海也不是中国周边的海那么大，而是地外有地、天外有天、海外有海。因此，他的学说中就有大洲的概念、大海（大瀛海）的概念。

在春秋战国时还出了一本非常值得称道的图书，即《山海经》。由于该书出现时代久远，文字古奥，所记载事物多不被后人，包括汉代的司马迁等人所理解，很多人把其当作荒诞不经之作。其实该书内容非常丰富，它既记载了我国古代的山川河流，也记载了各地的丰富物产，既有远古历史的传承，也有神话传说；既有中国及其周边地区氏族部落分布活动情况，也有各氏族部落图腾族徽的描述。因此，可以说《山海经》是我国古代地理、历史、博物及社会学方面的重要著作。对本文而言，主要是关注有关海岸带地貌等方面的记载。在《山海经》中有多处海岛海岸的记述，如《海内南经》中有“瓯居海中，闽在海中……”。此处讲的瓯即浙江东部温州一带，闽即福建，当时指现在的福州泉州一带。《海内东经》有“都州在海中，一曰郁州。琅琊台在渤海间，琅琊之东……韩雁在海中……”。此文中的都州即郁州，即现在的江苏省连云港市的云台山，该山在清康熙之前一直处于海中，即是一座海岛，琅琊台的位置描述得非常准确，即今之胶南市之琅琊台，地处黄海之滨（当时称渤海）；韩雁为当时朝鲜半岛上的一个方国，在《海内经》部分还有“东海之内、北海之隅有国名曰朝鲜……”。《大荒东经》中有“东海之外大壑……”，《大荒西经》中有“西海陼中……”的记载。这些记载都说明了春秋战国有海岛（郁州）、洲（陼，通渚）的概念以及沿海地理概念。

在《山海经》中，除了上述对洲、岛、半岛等描述记载之外，还对海滨海滩（沙滩）和沙地做了记述，如《山海经·东山经》中有“又南水行五百里，流沙三百里，至于无皋之山，南望幼海，东望榑木（扶桑）。无草木，多风，是山也，广员百里”。据谭其骧等人的论证，无皋山就是现在的崂山，幼海就是胶州湾一带的黄海。在古代幼、小、少同义，故幼海又被郭璞称为少海，故胶州湾有少海之称。无皋山东北，即崂山山脉东北即有广阔绵密的海阳万米海滩，即《山海经》中所谓的流沙。“流沙”是沙漠的意思，由滨海的海滩经过风的改造可形成沙地和沙丘，故在《山海经》时代，将海滩滨海沙地或沙丘也称之为流沙。

在先秦文献中，有两个词和现代海岸带地貌学有重要关系，这两个词便是“洲”和“岛”。“洲”一词出现的非常早，在殷商甲骨文中就已存在，象形，最初“洲”写成“州”，历史上出现政区的“州”之后，便在原来“州”上加水，便成了洲渚的“洲”。该词在古文献中经常出现，如《诗经·关雎》中“关关雎鸠，在河之洲”。在古代“洲”与“州”通假，故有时“洲”也写作“州”。

“岛”字出现稍晚，在《尚书·禹贡》中有“岛夷皮服”“岛夷卉服”的记载。说明岛字最晚出现在战国时代。

此处，虽然注意到“洲”“岛”二字出现的时间，但更注意二字的意义，即古人对这二字的解释。

我国最早的辞书《尔雅》和字书《说文解字》等对二字做了精辟的解释：《尔雅·释水》：洲，水中可居者曰洲；《说文解字》：洲，水中可居者曰州。

《说文解字》：岛，海中往往有山可依止曰岛；《释名·释水》：岛，海中可居者曰岛。

上述解释可见，在古代“洲”和“岛”定义的一个重要条件是“人可居者”。也就是说，在先秦时代就特别强调了“洲”和“岛”必须有人类能生存的条件。这首先就是不能被水所淹没。因此，从这个意义上讲，先秦时期的“洲”与“岛”的概念和现代的岛的概念非常相近。现在海岛的概念是“四面环海高潮时高出海面，自然形成的陆地区域”。在先秦时代没有潮位的概念，故强调了人的生存条件。现在由于科学的进步，能够掌握和计算潮位。高潮位不能淹没，就能保证人在岛上生活有最低的生活条件。

因此，可以说先秦时代给“岛”“洲”下的定义与现代概念非常接近，可见古代人关于“岛”“洲”科学思想的先进。

另外，还应注意到先秦时期“洲”与“岛”的区别，在先秦人看来“洲”是由沙、土构成的，而“岛”则是水中之山。这一样概念在我国历史上延续很长时间。

在战国时期出现了河口地貌学上一个很重要且一直使用到现在的词：“尾闾”。该词语首先是列子提出的。他在《汤问》一文中说：“渤海之东不知几亿万里，有大壑焉，实惟无底之谷，其下无底，名曰归墟。八纮九野之水，天汉之流，莫不注之，而无增无减焉。”这里列子首先提出了“大壑”“归墟”都是“海”的意思。庄子在《庄子·秋水》一文中说：“天下之水，莫大于海，万川归之，不知何时止而不盈，尾闾泄之，不知何时已而不虚；春秋不变、水旱不知。”此处的尾闾一词便是由“归墟”一词转化而来，指的是海水排泄的通道。在庄子之后，这一词就逐渐转变成为河流的末端，即现在的河流进口段和河流河口段，即河流的尾部，该词产生到现在已有 2 000 多年的历史了。

由上述可见，在先秦时代由于生产的发展，文化的进步，不仅产生了文字，而且出现了如《禹贡》《山海经》等地理书籍，地理知识大有增加，出现有关海岸带海岛方面的术语与概念，同时还出现了邹衍的“大九洲说”的地理大猜想。这一切都说明了中国地理知识、海洋知识、海岸带地貌知识有了较大进步。

三、秦汉三国魏晋南北朝时期

秦扫六合，统一中国，建立起中国历史上版图空前的封建统一大帝国。虽因秦始皇的残暴统治，秦朝仅有短短 15 年的历史，但它给后人留下的遗产却是丰富的、宝贵的，影响 2 000 多年的中国封建制度的社会，甚至今天。秦始皇统一中国后采取了一系列措施来巩固全国大一统的局面，其主要措施有：废封建，立郡县；货同币，衡同权；行同伦，书同文，车同轨。这些措施对形成统一的中华文化传统、统一的中华民族具有重要意义。

汉朝是刘邦借助秦末农民起义的力量建立起来的继秦之后的第二个封建王朝。西汉建立之后的最初几十年休养生息，恢复经济，经过“文景之治”，到汉武帝时，西汉王朝进入鼎盛时期，在政治文化上采取“罢黜百家、独尊儒术”的强化封建统治措施，使儒学成了封建统治者手里的重要统治工具。到了西汉末年，由于西汉王朝统治者的腐败和宦官外戚专权，西汉王朝很快灭亡了。刘秀在乱局之中崛起，平定农民起义，建立了东汉王朝，经过一段时间的休整，社会经济又得到一定的恢复，但社会状况稍好，封建社会的痼疾重发，统治阶级的腐败，宦官外戚的专权，党争的扩大等，使得东汉王朝很快分崩离析，出现了三国鼎立，魏晋南北朝长期分裂与混战局面。

由于秦汉时期国家的统一、经济的发展，以及拓边和外交活动的需要，秦汉时期造船业有了大发展，航海工具更加成熟。从考古和古籍记载来看，到了汉代就有了船体高大、结构先进、种类繁多、推进与操纵设备齐全的船舶出现。据《史记·平淮书》记载，“楼船高十余丈（20余米）、旗帜加其上，甚壮”；“大艑所出，皆受万斛”；汉时有“豫章大舡，可载万人”之说。该说显有夸饰，但透过夸饰之词可见当时船势之盛。另外，在结构上采取了用横梁和隔舱板技术，以增加船只的抗风浪能力和抗沉能力。同时出现各类不同用途的船舶和舰船。在推进与操纵技术方面也出现了桨、橹、帆、舵及木石锚。秦汉时期航海工具的逐渐成熟，为中国远海航行事业的兴起，奠定了重要的物质基础。当然为当时中国的统一和拓边活动做出了重要贡献。秦始皇时代的统一瓯闽粤地区、五次巡边，以及徐市的寻药远航、汉代统一南方及攻打卫氏朝鲜，对沟通朝鲜与日本的海上交通及开辟印度洋的航路产生了重大影响。

在这些军事、外交及经济航行活动中，对海洋和海岸地貌知识有了较深入的认识和扩展。

从中国地理学史角度讲，秦汉、三国、魏晋南北朝时期，是地理学（含海岸地貌学）的重要发展时期。这一时期不仅有《汉书·地理志》问世，还出现了《水经注》等专门著作，同时还有《尔雅》《释名》等类书、《说文解字》等字书出现，在这些著作中，都有对海岸地貌现象的解释和记述。

下面对《尔雅》《释名》等书中有关海岸地貌的记述介绍如下：

（一）《尔雅》

《尔雅》是我国现存最早的类书，是中国历史上第一部词典，具有同义词典和百科词典性质。关于该书的作者则众说纷纭，有的说出于周公之手，有的说系孔子所编。经过多年的研究表明，该书的内容“有解释经传文字的，也有解释先秦子书的，其中还有战国秦汉之间的地理名称”。故该书并非出自一人之手，也非一时所作。《尔雅》一书大约是战国至西汉之间的学者累积编写而成的。

《尔雅》按其内容分为19卷，2 091条，共解释4 300多个词语，其中与地理学有关的有以下各卷：卷八释天，卷九释地，卷十释丘，卷十一释山，卷十二释水。而与海岸地貌有关的词语则出在释丘、释山、释水各卷中，兹举例如下：

隰：下湿曰隰。

平：大野曰平。

原：广平曰原，又可食者曰原。

陆：高平曰陆。

阜：大陆曰阜。

陵：大阜曰陵。

阿：大陵曰阿。

《释地第九》

岸：望厓洒而高，岸；又，重厓，岸。

隩、隈：厓内为隩，外为隈。

浒：岸上，浒。

墳：大防。

涘：涘为厓。

《释丘第十》

潬：潬，沙出。

澜、沦、径：河水清且澜漪，大波为澜，小波为沦，直波为径。

湄：水草交为湄。

洲、陼、沚、坻、潏：水中可居者曰洲。小洲曰陼，小陼曰沚，小沚曰坻。人所为为潏。

《释水第十二》

（二）《释名》

《释名》是我国第一部以音训为主要手段的训诂专著，作者刘熙，字成国，东汉北海郡（今山东省北部）人，详细生平无考。刘熙在该书自序中说“夫名之于实，各有类义，百姓日称而不知其所以之意。故撰天地、阴阳、四时、邦国、都鄙、车服、丧纪、下及庶民应用之器，论叙指归，谓之《释名》，凡二十七篇”。可见该书作者是通过这部书，来解释日常所用名词的含义的。

《释名》共收词语 1 502 条，分为 27 篇，其中与地学有关的篇有释天、释地、释山、释水、释丘、释道、释州国。在这些章节中对许多专有名词进行了解释，有关地貌等词语的解释举例如下：

渚：遮也，能遮水从傍迴也。

潏：术也，堰使水郁术也，鱼梁水堆之谓也。

沚：止也，水可以息其止也。

坻：迟也，能小遏水，使流迟也。

泽：下有水曰泽，言润泽也。

岛：海中可居曰岛，岛到也，人所奔到。

沟：田间之水曰沟，沟者构也，纵横交构也。

另外，《释名》对一些地学相关词语的解释也相当到位，如：

砾：小石曰砾，砾者析也，小石相支其间析析然。

澜：风吹水成纹为澜。澜连也，波体转流相及连也。小波曰沦；沦，倫也，水相次有倫理也。

《释名》一书和《尔雅》在内容取舍上有相似之处，但《释名》更侧重词的语言性，它在语音上对所解释之词说明“所以之意”。

（三）《说文解字》

《说文解字》是我国第一部从形、音、义角度解释字的“字书”，是中国字典的鼻祖。

《说文解字》的作者许慎（约58—147年），字叔重，汝南召陵（今河南省郾城）人，曾任太尉南阁祭酒等职，精通经学，当时有“五经无双许叔重”之称。

《说文解字》共15卷，其中正文14卷，叙和目录1卷，共收9 353字，重文（异体字）1 163个，分540部，部首与部首之间，用形体或意义相近为排列顺序，对每个字的解释，是先讲字义，次讲字形与字义字音之间的关系。

《说文解字》对天文、地理、动植物、典章制度等专有名词做了注释和定义。

《说文解字》中很多内容与地理（含海岸地貌）有关，它们分布在不同的部首之中。兹举例说明之。

珊：珊瑚，色赤，生于海，或生于山。

瑚：珊瑚。

京：人为绝高丘也。

岛：海中往往有山可依止曰岛。

嶼：岛也。

岸：水厓而高者。

崖：高边也。

厓：水边也。

碛：水陼有石者。

磯：大石激水也。

渚：小洲曰渚。

海：天池也，以纳百川者。

沙：水散石也。

浦：濒也。

沚：小渚曰沚。

湖：大陂也。

湄：水草交为湄。

澳：限厓也，其内曰澳，其外曰限（误，澳即隈）。

湿：幽湿也，从水一，所以覆也，覆而有土，故湿也。

淤：淀滓浊泥。

州：水中可居者曰洲。

堤：滞也。

涂：泥也。

阜：大山无石者。

陵：大阜。

隰：阪下湿也。

丘：土之高也，非人所为也。

由上述可见，《说文解字》在注释方面虽和《尔雅》《释名》有相同之处，但它比《尔雅》《释名》用了更确切、更详细的解释与描述，有的解释与会意相近。由于时代条件的限制，也有解释失误之处，如对珊的解释便是如此。

在《尔雅》《说文解字》《释名》的许多地形概念，与现代的地形地貌概念是不一样的，如“山”和“丘”。在现代地貌学中，山与丘是以高程来划分的。在李炳元等人的基本地貌形态的划分标准就是相对高程。相对高程超过 200 米的隆起地形就称作山，相对高程小于 200 米的隆起地貌就称作丘。而在古代，如先秦、秦汉时代，山和丘的划分不是以高度，而是以组成物质为标准。如《说文解字·山部》释山云：“山，宣也，宣气散生万物，有石而高。象形。”而在释阜时则说：“阜（阜），大陆，山无石者。”《尔雅·释地》云：“大陆曰阜，大阜曰陵，大陵曰阿。”《广雅》云：“小陵曰丘。”因此，阿、陵、丘、丘陵都是阜，都是由土构成的，故《释名》云：“土山曰阜。阜，厚也，言高厚也”。因此，当读我国古籍时，要注意山、丘与现代的山丘的区别。

岸，今古概念也不同。现代概念的岸是水边狭长的陆地。《尔雅·释丘》：“望厓洒而高，岸。”又“重厓，岸”。《说文解字·山部》：“岸，水厓而高者。”因此，可以说，古代的岸是指水边的陡厓。因此，有“高岸为谷，深谷为陵”的诗句。倒是“浒”字与现代的岸字相类，《尔雅·释丘》云：“岸上，浒”。《说文解字·水部》：“汻（浒），水厓也。”即浒是水边厓岸上边的土地。

在秦汉时期又出现了几个新的概念，其中一个是“滩”，一个是“淤”。

滩，是晒干的意思。《尔雅·释水》：“滩，沙出。”即沙暴露出水，即《说文解字》说的“水濡而乾也”。后来很长时间里海滩、沙滩的滩都用滩。

淤，出自《说文解字·水部》：“淤，淀滓浊泥”。是说细颗粒物质沉积。这一概念一出，一直影响到今天。地质学、泥沙学中“淤积”一词就来源于“淤”。

除上述的字书、词书之外，还有一部非常重要的著作，即北魏郦道元的《水经注》。

郦道元（？ -527 年），字善长，北魏范阳（今河北涿县人），中国南北朝时著名的地理学家。他出生于一个世代官宦家庭，历任北魏侍书御使、颖川太守、鲁阳太守、东荆州刺使、河南尹、御史中尉等职，最后于关右大使任上在阴盘驿亭为叛将萧宝寅所杀。由于郦道元职务的关系，他的足迹遍及现今的山东、河北、山西、河南、江苏、安徽、湖北等地。他在一生戎马倥偬之中撰写成了《水经注》一书。

《水经》系三国时桑钦所著，是一部专门研究河流水道之书，书中记述河流 137 条，共 1 万余字，记述简明扼要。郦道元根据对古籍的研究和自己亲身考察写成的《水经注》，共记述了大小河流 1 252 条，文字达 30 余万字。该书实际上是在《水经》基础上的再创作，是一部独立的、全新的地理科学著作，其内容包括了自然地理和人文地理各个方面，内容非常丰富，为历代地理学家和历史学家所重视。

郦道元在《水经注》中，除了对各河流源地、流经、河流特点、历史变迁等做了详细记述外，还对河口三角洲进行了论述。如卷十《浊漳水注》云“清漳乱流，而东注于海”。又如卷五《河水注》中云“又东北为马常坑，坑东西八十里，南北三十里，乱河支流而入于海。河、海之饶，兹焉为最”。郦道元用乱流、乱河支流（即《尚书》中的九河）形象地概括了入海河流三角洲的基本特点，在河口地貌学的研究上有重要价值。

珊瑚礁是海岸地貌学中重要的研究内容之一。到了汉朝，我国便有了珊瑚的记载，三国时有了珊瑚礁的记载。

汉武帝时的司马相如在他的《上林赋》中就有“玫瑰碧林，珊瑚丛生”，这是在中国文献上首次出现的关于珊瑚的记载。东汉的许慎对珊瑚进行了解释，而对珊瑚礁首次进行记载的则是三国时期孙吴的康泰，他在《扶南传》中说“涨海（今南海）中倒珊瑚洲，洲底有盘石，珊瑚生于上也”。康泰的论述说明当时对珊瑚的生长环境和珊瑚礁的某些特点有了一定的观察。晋裴渊说：“珊瑚洲在东莞县南五百里，昔人于海中捕鱼，得珊瑚。”

在东汉时，由于航海业的发达，对南海的近岸海底地形有了一定的认识，杨孚在记述南海地形时说：“涨海崎头，水浅而多磁石，徼外人乘大舶，皆以铁叶锢之，至此关，以磁石不得过”[①]。这里是说有铁箍的较大船舶，航行到含有铁矿矿脉的礁石区时，因受铁矿的磁力影响不能通过，这间接地指出了该区有铁矿矿脉的礁石的存在。实际上所谓的礁石，就是珊瑚礁。

我国汉代在海洋学，特别与海岸地貌学有关的潮汐成因论方面取得了突出的成就，王充通过实际观察，提出“夫地之有百川也，犹人之有血脉也。血脉流行，汛扬动静，自有节度。百川亦然，其朝夕往来，犹人之呼吸气出入也，天地之性，自古有之”。又说：“涛之起也，随月盛衰，小大满损不齐同。”王充的“潮汐成因论”第一次明确地

① 曾钊辑杨孚：《异物志》。

把潮汐成因和月球运动密切联系起来，自此形成了“元气自然论”潮论。该理论有力地批判了“潮汐神成论”。

沧海桑田，即海陆变迁的思想从汉代至晋代逐渐形成，并首创了“东海三为桑田”一词。

海陆变迁的思想，我国早就有之。在《周易·谦卦·象辞》中就有“地道变盈而流谦”的说法，《诗经·小雅·十月之交》中有“百川沸腾，山冢崒崩。高岸为谷，深谷为陵”的感叹。到汉代焦赣在《易林》卷九中就有了“海老水干，鱼鳖尽索，高落无涧，独有沙石”的记载。至东晋葛洪（283—363年）在《神仙传·麻姑》中首先提出了“东海三为桑田”的思想：“麻姑谓王方平曰：‘自接待以来，已见东海三为桑田。向到蓬莱水又浅，浅于往昔略半也，岂将复为陵陆乎?’方平笑曰：‘东海复扬尘’”。葛洪以“东海三为桑田”表述海陆变迁的地学思想，到唐代演变“沧海桑田”，此后该词遂成为中国古代表达海陆变迁思想的术语，广为流传。

第二节　海岸带地貌知识积累期（隋朝—1840年）

一、隋唐五代十国时期

历史进入隋唐时代，我国的封建社会发展到了鼎盛时期。首先是杨坚于公元581年篡周建立隋朝，至589年灭陈，统一中国，结束了东汉末年以来300年的乱局。虽因隋炀帝的残暴倒行逆施，隋朝仅38年而亡，但隋初文帝的一系列重大政体改革，却使封建社会制度渐臻成熟。

到了唐代，李世民鉴于隋朝迅速灭亡的历史教训，总结经验，励精图治，在隋文帝改革基础上，进一步完善封建制度，完善法律、科举制度，广泛网罗人才，广泛听取不同意见，从而加强了统治集团内部的团结，提高了上层集团的政治威望，所以很快就出现了经济富裕、文化繁荣、国力充实、人丁兴旺的“贞观之治”。到了唐玄宗年间，唐朝进入全盛时期，当时“河清海晏，物殷俗阜”“左右藏库、财物山积”，出现了“人家粮储，皆及数岁，太仓委积，陈腐不校量”的局面。但这种繁荣局面并未维持多久，便发生了安史之乱。自此之后唐朝就日趋没落，直至演变到藩镇割据和统一的唐朝形成四分五裂的五代十国，战乱不断，经济受到空前破坏。虽然在此期间江南各国能保持20~30年的短期平静，经济有所发展，但局面已大不如前。

隋唐五代时期，特别是在盛唐时期，由于经济富裕，国力强盛，科学文化繁荣，中国与周边各国，甚至边远的国家，特别与亚非各国有着频繁的经济贸易、文化政治的交往，从而也促进了中国造船业更加发达，工艺技术更加先进，船只结构更加精良。唐代的远航船只不仅体魄雄伟，而且采用钉榫技术，建有多道水密隔舱，从而大大增加了海船的横向强度、抗浪强度和抗沉能力，从而使中国船只更具远航能力。

在政治、经济和技术推动下，隋唐五代十国时期，我国航海事业取得飞快的发展。

继三国孙吴政权航行台湾之后，隋朝时三次派遣船队航行台湾，从而加强了大陆与台湾的联系；隋唐时期多次对高丽的军事行动及友好交往，多由海路通达，这些活动加强了隋唐与东北渤海国、高丽各地的海上交往。与此同时与日本交往日趋频繁，鉴于日本、隋唐当时的政治、经济、文化需要，日本在隋朝时五次派遣隋使团，唐朝时 19 次派遣唐使团，进入中国，隋唐也多次派团前往日本，民间人士也往来不绝，如圆仁和尚西渡求法、鉴贞和尚东渡传经便是传颂千载的故事。在隋唐时代，随着国力强盛，经济发展，还开拓了东南亚、印度洋及东非、阿拉伯国家的航路，继续着汉代开辟的“海上丝绸之路”。由于海上交通贸易的发达，在中国沿海便形成了许多著名的港口，其中重要的有交州港（比景港，位于今越南顺化东南灵江口北）、广州港、泉州港、福州港、明州港（今宁波）、扬州港、登州港（今山东蓬莱）。为适应航运和贸易的发展，适时地建了市舶司管理机构，并由中央委派市舶使和押蕃舶使对船舶和贸易进行管理。

随着海洋交通的发展，人们对海洋和海岸地貌的认识逐渐深入，知识也逐渐增多。

首先，与海岸地貌有密切关系的潮汐理论有了重大发展，这便是唐大历年间浙东处士窦叔蒙《海涛志》的出现，《海涛志》是我国历史上第一部关于潮汐理论的专著。窦叔蒙经过长期的观察与思考，他指出了潮汐是“月与海相推，海与月相期，苟非其时，不可强而致也。时至自来，不可抑而已也”。同时还具体地指出了潮汐相应月球运动而“轮回辐次，周而复始”的三种变化周期。他说：“一晦一明，再潮再汐”“一朔一望，载盈载虚”“一春一秋，再涨再缩”，即是说，一天之内有两次潮汐循环；一月之内有两次大潮出现在朔望时期，两次小潮出现在上下弦时；一年之内也有大小潮之分。他还通过精确计算，求出潮周期为 12 小时 25 分 14.02 秒，两个潮汐周期比一个太阳日多 50 分 28.04 秒，与现代计算的结果十分相似。

伴随着航海事业的发展，航路的记载就逐渐多了起来，记载中除了许多地名之外，也出现了许多地貌名词。唐德宗（李适）贞元年间（785—804 年）宰相、著名的地理学家贾耽（730—805 年）在《皇华四达记·登州海行入高丽渤海道》中详细记载了这条航线，兹逐录如下：

“登州东北行，过大谢岛（今山东省长岛县的长山岛）、龟歆岛（今长岛县的砣矶岛）、末岛（今长岛县之钦岛）、乌湖岛（今长岛县之隍城岛）三百里。北渡乌湖海（今老铁山水道）至马石山（今大连市老铁山），东之都里镇（今旅顺口区）二百里。东傍海壖（今大连至旅顺南路海边），过青泥浦（今大连市青泥洼桥一带）、桃花浦

（今大连金县东北青水河口之红水浦）、杏花浦（今大连庄河县碧流河口的花园口）、石人汪（今石城岛北部海峡）、橐驼湾（今鹿岛以北的大洋河口）、乌骨江（今鸭绿江入海口处）八百里……自鸭绿江（今鸭绿江）口舟行百余里，乃小舫泝（通溯，下同）流东北三十里至泊沟口（今蒲石河口），得渤海之境（渤海国）。又泝流五百里，至丸都县城（故地在今吉林省集安县城），故高丽王都。又东北泝流二百里，至神州（渤海西京鸭绿府所领高丽王都，今吉林省临江镇）。又陆行四百里，至显州（渤海中京显德府所领之州）、天宝中王所都（其地似为今吉林省和龙县西古城子）。又正北如东（偏东）六百里，至渤海王城（今黑龙江省宁安县渤海镇）。"

从上述不难看出，贾耽首先在此记录了航线，所经之地和里程；其次，记录中出现了许多地貌名词，如岛、浦、海壖、汪（海峡）、湾……

除上述《登州海行入高丽渤海道》外，贾耽还有《广州通海夷道》一文，该文详细记录了唐代中国与西亚、东非地区的远洋航路及南洋的传统航路，在该文中也出现了一些海岸地貌名词。如：

石：如九州石、象石等；

山（岛）：如占不劳山、陵山等；

洲：如奔陀浪洲、胜即洲等；

硖（峡）：如海硖，蕃人称"质"。

唐玄宗时，为了教育其子女，命大臣编写启蒙式读物，于是徐坚等人编《初学记》一书进上。可以说《初学记》是部官编类书，全书共分二十三部，三百一十三个子目。其编写体例，与其他一般类书叙事不同，其体例为先叙事、次事对，最后为诗文。有关海岸地貌部分，分记在第六卷，总载水一、海二中。兹举其要如下：

"尔雅曰水中可居者曰洲，亦曰潬。小洲曰渚，小渚曰沚，亦曰小沚曰坻，又小小沚曰碛。"

"凡水边皆曰垂、曰涯、曰畔、曰干、曰渍、曰滨。涯上下坦曰漘，一曰隒。"

"重涯曰岸，岸上地曰浒，曲涯曰澳。"

"大水有小口别通曰浦。"

"风吹水涌曰波，亦曰浪，大波曰涛，小波曰沦，平波曰澜，直波曰泾。"

"水朝夕而至曰潮。"

《初学记·卷第六：总载水第一》

"海中山曰岛，海中洲曰屿。"

《初学记·卷第六：海第二》

由上述可知，徐坚等人对地貌的解释，除了部分承袭《尔雅》之外，还有其独特的见解，如对"岛"和"屿"解释，他认为海中由基岩构成的山才称为"岛"，而由松散沉积物构成的洲则称为"屿"，这与"释名""说文解字"不同。

在唐代出现了我国非常著名的地理志，即李吉甫撰写的《元和郡县图志》，在该书中不仅记述了全国郡县建制沿革、贡赋等，而且记录了许多海岸地貌，并对一些地貌进行了解释。

“海浦在县东北二百八十里，即济水东流入海之处。水口谓之海浦。”

《元和郡县图志·卷第十博昌县》

“县理（即治所）东南一百三十里滨海的卤泽九所，煮盐……”

《元和郡县图志·卷第十一诸城县》

“浮游岛（即今芙蓉岛），在县西北四十里。遥望岛在海中，若浮游然，故名。”

《元和郡县图志·卷第十一掖县》

“县东北海中有秦始皇石桥，今海中时见有坚（一作竖）石似柱之状。”

《元和郡县图志·卷第十一文登县》

“海畔有一沙埠，高一丈，周回二里，俗呼为斗口淀，是济水入海之处，海潮与济相触，故名。”

《元和郡县图志·卷第十七蒲台县》

“浙江……江涛每昼夜再上，常以月十日、二十五日最小，月三日、十八日极大，小则水渐涨不过数尺，大则涛涌高致数丈。每年八月十八日，数百里士女，共观舟人渔子泝涛触浪，谓之弄潮。”

《元和郡县图志·卷第二十五钱塘县》

“海澶山，县东南一百二十里。山在大海中，周回三百里。”

《元和郡县图志·卷第二十九长乐县》

由上述可见，《元和郡县图志》不仅记录了河口、河口沙岛、潮滩（卤泽）、海蚀柱、海岛、涌潮等现象，而且对一些现象进行了解释，如河口沙岛（沙埠）是“海潮与济相触”的结果，即海河相互作用、相互斗争的结果，故称“斗口淀”，即现代地貌学中的拦门沙。

随着社会实践的深入和科学文化的发展，探求海岸地貌成因的人也愈来愈多，且有不少文人墨客也加入这一行列，他们以诗词的形式形象地说明某些地貌现象或地貌过程，同时寓以人生哲理，兹举例如下：

刘禹锡的《浪淘沙》词多首，举两首如下：

“九曲黄河万里沙，浪淘风簸自天涯。如今直上银河去，同到牵牛织女家。”

“八月涛声吼地来，头高数丈触山回，须臾卻入海门去，捲起沙滩似雪堆。”

白居易也有两首《浪淘沙》词描写海岸过程：

“一泊沙来一泊去，一重浪灭一重生。相搅相淘无歇日，会教山海一时平。”

“白浪茫茫与海连，平沙浩浩四无边。暮去朝来淘不住，遂令东海变桑田。”

谈到沧海桑田，如前所述，这一思想是晋代葛洪以神话的形式提出来的。到了唐代颜真卿则首先科学地解释了沧海桑田的学说。

唐朝大历六年（771年），颜真卿在《抚州南城县麻姑山仙坛记》中对沧海桑田的地质现象进行描述和解释。该文在引述了《神仙传·麻姑传》的一段话后说："南城县有麻姑山，顶有古坛，……东北有石崇观，高石中犹有螺蚌壳，或以为桑田所变，刻金石而志之。"[①] 颜真卿的这段话以海陆变迁的科学论述来解释高山上之所以有螺蚌壳，并又以此宣传了沧海桑田这一科学思想。

沧海桑田的思想在唐代有了广泛传播，在不少诗文中有所反映，如前举的白居易《浪淘沙》一词即是一例。历史学家刘知几（661—721年）在《史通·书志篇》中说"夫两曜百星，丽玄于象，非如九州万国，废置无恒；故海田可变，而景纬无易"。

诗人储光羲在其《献八舅东归》篇中有"独往不可群，沧海成桑田"之句。

在《全唐诗》中多处有关于沧海桑田的诗句。

诗人李贺在《古悠悠行》中说"白景归西山，碧华上迢迢。今古何处尽，千岁随风飘。海沙变成石，鱼沫吹秦桥。空光远流浪，铜柱从年消"。

诗人方干在《题君山》一诗中说"曾于方外见麻姑，闻说君山自古无，元是昆仑山顶名，海风吹落洞庭湖"。

诗人吴融在《潮》一诗中说"暮去朝来无定期，桑田长被此声移。蓬莱若探人间事，一月还应两度知"。

二、宋元时期

公元960年，赵匡胤陈桥兵变，黄袍加身，次年灭陈统一中国，结束了50多年的混乱局面，由于赵氏王朝是武将政变取得，故赵匡胤一取得全国政权，便"杯酒释兵权"，结果造成宋朝的兵弱边衰，各少数民族政权如西夏、辽等，不断犯边。但赵宋政权在内政方面进行了如改革土地制度、鼓励农垦、发展手工业、重视贸易、奖励发明创造、改制科举制度等，使得宋朝经济、科技文化得到快速发展，出现了"垦辟至广""地狭人稠"和"苗无荒秽，岁皆丰熟"的局面。造纸术、印刷术，特别是与造纸术提高出现的雕版印刷得到了很大发展，同时造船术又得到了很大提高，船场遍及江海，所造船只不但体势硕大、结构精良，而且又运用指南针，使航海术得到了极大的提高。

1127年，金朝攻下汴京，北宋灭亡，同年偏安江南的南宋建立。虽南宋国土日蹙，国库匮乏，但为了维持庞大统治集团的奢华生活及国防开支，南宋政权竭力推进航海贸易，使之"市舶之利，颇助国用"。正是在这些积极发展海外贸易政策驱动下，宋代航海业呈现出千帆竞发、百舸争流的局面。在这期间，高丽遣宋使团有57次，宋遣高丽使团也有30次；从978年（太平兴国三年）—1116年（政和六年），宋朝和日本之间航海往来就达70次之多。同时开辟了南洋、北印度洋，甚至地中海的航行。当时全国出现了十大对外贸易港口，从北向南分别为：直沽港（今天津港）、密州（板桥镇）

---

① 颜真卿，颜鲁公文集，卷十三。

港、华亭（上海、青龙）港、刘家港、杭州港、庆元（明州，今宁波）港、温州港、福州港、泉州港（又名刺桐港）、广州港，其中泉州港享誉世界。

1279年，元军攻灭南宋，统一中国，元朝以空前辽阔的疆域及远播亚、欧、非三大洲的大国威势为背景，使中国古代航海事业继续保持着兴盛的势头。航海贸易既能扩大财源，又能扩大朝廷声威，所以格外受到重视，元朝政府除组织官办航海贸易外，还实行“官本船”政策，所谓“官本船”即由政府“具船给本，造人入蕃，贸易诸货，其所获之息，以十分为率，官取其七，所易人得其三”。该政策虽然能调动一部分人的积极性，但也为官宦的巧取豪夺带来了机会。由此，一些官僚贵族，竞相经营海外，以“巨艘大船舶帆交番夷中”，使朝廷利益受到冲击，结果，元朝政府不得不严令“凡权势之家，皆不得用己钱入蕃为贾，犯者罪之，仍籍其家产之半”。结果“官本船”政策遂告终结。

随着宋元时期航海事业的大发展，航海人对海洋和海岸地貌知识的渴求与探索就愈加强烈，对海洋和海岸知识的积累和记述也就愈来愈多。

对海洋和海岸地貌知识记述和探讨比较多的有北宋年间的徐兢。徐兢是北宋时期著名的航海活动家。宣和四年（1122年）三月拟派允迪等人出使高丽，徐兢随之。九月，惊悉高丽国王去世，王子登基，朝廷遂委任徐兢为特使前往吊丧与贺喜，并于宣和五年五月由明州起锚前往高丽。在此次出使之后，徐兢完成了《宣和奉使高丽图经》一书。该书详细地记述了整个航程所经航海路线及海上考察活动。现将其摘要述录如下：

“五月十六日，自明州（宁波）出发，十九日达定海招宝山（属今镇海），二十四日，八舟鸣金鼓，张旗帜，以次解发，是日天气晴快，乘东南风，张篷鸣舻，水势湍急，委蛇而行。……过虎头山（今镇海之虎蹲山），行数十里，即至蛟门（今虎蹲山东北七里屿东）……历松柏湾，抵芦浦抛可，八舟同泊。……二十五日，四山雾合，西风作，张篷委蛇曲折，随风之势，其行甚迟，至沈家门抛泊。二十六日，西北风劲甚，遂以小舟登岸入梅岭（今普陀山）。二十七日，以风势未定而继续抛泊待航。二十八日，天日清晏，八舟同发……，过海驴礁，蓬莱山（今大瞿山），至半洋礁（今黄龙山之东偏南之东半洋礁）。二十九日，是夜复作东南风，乃入白水洋（蓬莱山及其以北浙江近岸水域）。次日过黄水洋（今江苏淮河入海口附近海域），继而离岸东驶，横渡黑水洋（今江苏以东，山东半岛与朝鲜半岛之间海域）。”

“六月一日，乘东南及西南风航行，入夜微风，舟行甚缓。二日，西南风作，正东望夹界山，华夷以此为界限。三日，东南风作，转航西北，午后过五屿、排岛、白山（今荞麦岛）、黑山（今济州岛西北之大黑山岛）、月屿（今朝鲜半岛西南端的前、后曾岛）、阑山岛、白衣岛、跪苫。……夜分风静，过春草苫。四日，经槟榔礁、菩萨屿，至竹岛（位于全罗北道兴德里西海域）。五日，过苦苫（今扶安西之猬岛）。六日，至群山岛（今古群山群岛）抛泊，高丽遣使来投远迎状，午后副使乘松舫至岸，……继而归所乘大舟。六月六日，续航，南望紫云，午后过富用山、洪州山、鹏子苫、马岛。七日，解舟宿横屿。

六月九日，过九头山、唐人岛、双女礁，中午驶过大青屿，又经和尚岛（今大舞衣岛）、中心屿（今龙游岛）、聂公岛、小青屿，至紫燕岛（今永宗岛）抛泊。高丽遣使持书来迎……

六月十日，午前八舟启碇，午后落蓬、摇橹划桨，随潮而进急水门，其门不类海岛，宛如巫峡江路，……十二日，随潮至礼成港（今开江西三十余里的礼成江畔）。中国派遣使奉诏书于彩舟，丽人以兵仗甲马仪物共万计，列于岸次，观者如堵墙、彩舟及岸。次日，遵陆入于王城（今开城）。”

从徐兢的《宣和奉使高丽图经》看，徐兢不仅记录了从明州至王城（开城）的具体航路及主要地标，而且在图经中使用了众多的海岸地貌名词和区域海洋学名词，如山、岛、屿、苫、礁、湾、门等海岸地貌名词以及白水洋、黄水洋、黑水洋等区域海洋名词。

徐兢不但使用这些名词，还对如洲、岛屿等名词进行解释说明。他在《宣和奉使高丽经》中写道：“至若波流而漩伏，沙土之所凝，山石之所峙，则又各有其形势。如海中之地，可以合聚落者，则曰洲，十洲之类是也；小于洲而可居者，则曰岛，三岛之类是也；小于岛则曰屿；小于屿而有草木则曰苫，如苫屿，而其顶纯石则曰礁。”

徐兢还对“白水洋”“黄水洋”做出了合理的解释，他说：“白水洋，其源出靺鞨，故作白色；黄水洋即沙尾也，黄水洋浊且浅，舟人云，其沙自西南来，横于洋中千余里，即黄河入海之处”，徐兢在此用黄河、长江等入海泥沙形成的苏北浅滩（以前称五条沙），沙多水浅，波浪易掀动泥沙，使悬浮海水变成黄色；而离愈远，水中含沙愈少，水色也由黄逐渐变青，变蓝、变黑。故有黄水洋、清水洋、白水洋、黑水洋之称。因此，南宋的吴自牧在总结水色与水深关系时说：“相水之清浑，便知山之远近。大洋之水，碧黑如淀（应为靛）；有山之水，碧而绿；傍山之水，浑而白矣”“有鱼所聚，必多礁石，盖石中多藻苔，则鱼所依耳”（吴自牧，2004）。

海岸地貌是航海、盐业、军事及居民经济社会活动中不可缺少的因素。在宋朝的许多著作中都有记述和论及。

首先对其贡献的是乐史（930—1007年）编著的全国地理总志《太平寰宇记》。该书不但记述了宋朝太平兴国年间以前的郡县设置及其演变，还记录了沿海郡县的海岸地貌、海岛及海岸演变等重要情况。对海岸地貌的记述除部分因袭了唐代《元和郡县图志》的描述外，还多有所发明。现举例说明如下：

“之罘山，其山在海中，山东南海水中有垒石，俗传云武帝造桥，有两石铭仍在。山高九里，周迴五千里。”

《太平寰宇记》卷二十，登州·文登县

此处的之罘山即芝罘岛，垒石即海蚀平台和海蚀柱。

“县东北海中有秦始皇石桥，伏琛齐记：始皇造桥，欲渡海观日出处，海神为之驱石竖柱，始皇感其惠，通警于神，求与相见。神曰：‘我丑，莫图我形，当与帝会’。始皇从石桥入海四十里，与神相见，帝左右有巧者，潜以足画神形。”神怒曰：“帝负约，可速去。始皇始转马，马之前脚犹立，后脚随崩，仅得登岸。今验成山东入海道可广二十步，时有竖石，往往相望，似桥柱状。海中又有石桥柱二所，乍出乍入，俗云汉武帝所作也。”

《太平寰宇记》卷二十，登州·文登县

文中不但叙述了秦始皇在成山出海看日出造桥的神话，而且生动地描述了海蚀柱的时隐时现的现象。

在该节后面还对海牛岛、海驴岛的岛名来历做了说明：

“海牛岛，郡国志云：不夜城北有海牛，无角、紫色，足似龟，长丈余，尾若鲇鱼，性捷疾，见人则飞赴水，皮堪弓鞬，脂可燃灯。”

“海驴岛，岛上多海驴，常以八九月于此岛上乳产，皮毛可长二分，其皮水不能润，可以御雨。时有获者，可贵。”

《太平寰宇记》卷二十，登州·文登县

“咸土，在县东七十里。东西南北一百五十里。地带海滨，其土咸卤，海潮朝夕所及，百姓取而煮之为盐。”

《太平寰宇记》卷六十五，沧州·盐山县

该文清晰地描述了潮滩的基本特点。

“胡逗洲，在县东南二百三十八里海中，东西八十里，南北三十五里，上多流人，煮盐为业。”

《太平寰宇记》卷一百三十，泰州·海陵县

《中国历史地名大词典》指出：“胡逗洲，相当今江苏南通、通州市一带。本长江口—沙洲，后与北岸大陆相连。”

《太平寰宇记》中还记录了珊瑚礁：“珊瑚洲在县南五百里。昔有人于海中捕鱼得珊瑚。”

《太平寰宇记》卷一百五十七，广州·东浣县

宋朝诗人杨万里以诗歌的形式形象而幽默地描绘了海浪的侵蚀作用和海岸的风沙现象：

大风吹起翠瑶山，近看还成白雪团。

一浪搀先千浪怒，打崖裂石与君看。

杨万里《海岸七里沙》

海滨半程沙上路，海风吹起成烟雾。

行人合眼不敢觑，一行一步愁一步。

步步沙痕没芒履，不是不行行不去。

若为行到无沙处，宁逢石头啮足拇。

宁踏黄泥溅袍袴，海滨沙路莫再度。

杨万里《海岸沙行》

除上述对海岸地貌的记述外，还对海岸河口的海岸变迁进行了记载。举例如下：

“无棣沟，按其沟东流经县理南，又东流与鬲津（今利津）枯沟合而入海。隋末，其沟废。唐永徽元年，薛大鼎为刺使奏闻之，引鱼盐之利于海……”

《太平寰宇记》卷六十五，沧州·无棣县

“大江，西南自六合县界流入，晋祖狄击楫中流自誓之所，南对丹徒之京口，旧阔四十余里，谓之京江，今阔十八里。”

《太平寰宇记》卷一百二十五，扬州·江都县

“静海县，随州置，管盐场八。古横江在州北，元是海，天祐年中沙涨，今有小江，东出大海。”

《太平寰宇记》卷一百三十，通州·静海县

除上述对海岸河口变迁的记述外，还对我国海塘的形成做了记载。

“永安堤，在县东二十里。唐开元十四年七月三日海潮暴涨，百姓漂溺，刺使杜令昭课筑此堤，北接山，南环郭，连绵六七里。”

《太平寰宇记》卷二十二，海州·朐山县

“韩信堰，在县西十里。相传云韩信为楚王时，以地洿下，遂立此堰，今为大路。”

《太平寰宇记》卷二十三，海州·朐山县

“西捍海堰，在县北三里。南接谢禄山，北至石城山，南北长六十三里，高五尺。隋开皇九年县令张孝徵造。”

《太平寰宇记》卷二十二，海州·东海县

“东捍海堰，在县东北三里。西南接苍梧山，东北至巨平山，长三十九里。隋开皇十五年，县令元暧造，外足以捍海，内足以贮山水，大获浇溉。”

《太平寰宇记》卷二十二，海州·东海县

“钱塘，古泉亭有紫水如霞，为潮所冲，乡人华信将私钱召有能致土石一斛与钱一千。旬日之间，来者云集。塘未成，谲不复取，皆弃土石而去，故做成此堤以捍海潮。后人号为钱塘。”

《太平寰宇记》卷九十三，杭州·钱塘县

“尚书塘，唐贞元五年，检校户部尚书赵昌为刺使，置塘以溉民田，人蒙其利。元和二年刺使马总美赵公之留，惠名为尚书塘。”

《太平寰宇记》卷一百二，泉州·晋江县

南宋和元代有三本书记录了我国南方，特别是广西、南海和澎湖台湾一带地貌情况，其一是南宋周去非（1134—1189 年）的《岑外代答》，他在该书的《地理门·天分遥（迳）》《地理门·象鼻砂》中对钦州湾的七十二迳和钦州湾口的水下地貌做了

记载，同时，还描述了钦江湾口落潮流三角洲的地貌特征，特别强调了两条落潮流槽："七十二迳中有水分为二川。其一，西南入交阯海（即大红排，也称西槽）；其一，东南入琼廉海（即老人沙东水道，也称东槽）"。在《天分遥》中写道："钦江南入海，凡七十二折。南人谓水一折为遥，故有七十二遥之名。七十二遥中有水分为二川。其一，西南入交阯海。其一东南入琼廉海。名曰天分遥。"在《象鼻砂》中写道："钦廉海中有砂碛，长数百里，在钦境乌雷庙前，直入大海，形若象鼻，故以得名。是砂也，隐在波中，深不数尺，海舶遇之辄碎。去岸数里，其碛乃阔数丈，以通风帆。不然，钦殆不得水运矣。訾闻之舶商曰：'自广州而东，其海易行；自广州而西，其海难行；自钦廉而西，则尤为难。'盖福建、两浙滨海多港，忽遇恶风，则急投近港。若广西海岸皆砂土，无多港澳，暴风卒起，无所逃匿。至于钦廉之西南，海多巨石，尤为难行，观钦之象鼻，其端倪已见矣。"

从现在的调查研究得知，象鼻沙是由陆地向海延伸的岩脉，时隐时现在钦州乌雷庙前的海底，风浪大时，船舶很容易触礁，是航行危险区。

上述两条中，第一条记录了钦州湾内因海岛众多，水道纵横的"七十二径"的地貌特征。第二条则记录了钦州湾湾口东侧象鼻角的地貌特征。

另外，周去非还在其书中转述西沙珊瑚洲礁情况，《地理门·三合流》条说："传闻东大洋海，有长砂石塘数万里，尾闾所泄，沦入九幽，昔嘗有舶舟，为大西风所引，至于东大海，尾闾之声，震洶无地。俄得大风以见"。这里的东大海洋即广阔南海；长砂石塘，指中砂、西砂群岛的珊瑚礁、沙洲、环礁（方塘）等地貌。

珊瑚岛礁的记载在《宋会要辑稿》中已有之："有石塘，名曰万里，其洋或深或浅，水急礁多，舟覆溺者十七八。"

赵汝适为南宋之宗室，1225 年以朝政大夫提举福建路市舶兼权泉州市舶，借此职位的便利，了解海外诸国情况，编写了《诸蕃志》一书，介绍海外各国情况。在该书中除上述各条外，还记录了西沙等地珊瑚礁情况。《诸蕃志·南海》条中说："……至吉阳，迺海之极，亡复陆途。外有洲曰乌里、曰苏密、曰吉浪，南对吕城，西望真腊，东则千里长沙，万里石床，渺茫无际，天水一色，舟舶来往，唯以指针为则，昼夜守视唯谨，毫厘之差，生死系焉。"此处所说的千里长沙、万里海床，即西沙、南沙群岛一带珊瑚礁、沙洲等。

元代汪大渊，生平不详，约生于 1311 年，可能活至明初，约 60 岁，他曾生活在海上九年，约在 1349 年撰毕《岛夷志略》一书。该书中有两处记录了珊瑚礁，一处记述了采珊瑚过程。《岛夷志略·北溜》条记有"地势居下，千屿万岛。舶往西洋，过僧加剌傍，潮流迅急，更值风逆，辄漂此国。候次年夏东南风，舶仍上溜之北。水中有石槎中牙，利如锋刃，盖已不完舟矣"。马尔代夫即由上万个珊瑚礁岛组成，本文还形象地描述珊瑚礁的水下形态（水中有石槎中牙，利如锋刃）。在《岛夷志略·万里石塘》一文中还对我国南海诸岛珊瑚的分布做了描述："石塘之骨，由潮州而生。迤逦如长蛇，横亘海中，越海诸国，俗云万里石塘。以余推之，岂止万里而已哉！舶由代屿门，挂四帆，乘风破浪，海上若飞。至西洋或百日之外。以一日一夜行百里计之，万里曾不足，故源其地脉历历可考也。一脉至爪哇，一脉至勃泥及古里地闷，一脉至西洋遐昆仑之地。盖紫阳朱子谓海外之地，与中原地脉相连者，其以是欤！”此处的石塘是指环礁，长沙即珊瑚岛，代屿门是泉州湾口门之一，勃泥为今加里曼丹西岸之坤甸，此指全岛。古里地闷有人认为马来半岛南部的刁门岛，遐昆仑疑为今马达加斯加岛。虽然汪的万里石塘分布范围过大，但其主要范围是确切的，即我国南海诸岛分布范围，往西南甚至包括马尔代夫一带。

海岸侵蚀是海岸地貌中重要地貌现象，到了宋元时期，无论正史，抑或地方志，都有大量记载，以便为滨海官民提供经验教训。

首先看《宋史》中的记载。

“盐官去海三十余里，旧无海患。去岁海水泛涨，湍激横冲沙岸，每一溃裂，尝数十丈。日复一日，浸入卤地芦洲，港渎荡为一壑。今闻渐势深入，逼近居民，……数年以来，水失故道，早晚两潮，奔冲向北，遂至县南四十余里，尽沦为海……详今日之患，大概有二：一曰陆地沦毁，二曰咸潮泛滥。”

《宋史·河渠志》

宋景祐四年（1037年），“六月乙亥，杭州大风雨，江湖溢岸，坏堤千余丈”。

《宋史·五行志》

宋淳熙四年（1177年），“五月……钱塘江涛大溢，败临安府堤八十余丈，庚子又败堤百余丈。明洲濒海大风，海风败定县堤二千五百余丈，鄞县堤五千一百余丈，漂没民田”。

《宋史·五行志》

苏轼具体描述了海岸河口的蚀淤过程：“沙碛转移，状如鬼神，往往于深潭中，涌出陵阜十数里，旦夕之间，又复失去，虽舟师渔人，不能前知其深浅。”

《苏轼文集》

宋嘉定十二年（1219年），“盐官县海失故道，潮汐冲平野三十余里，至是侵县治，庐州、港渎及上下管、黄湾冈等盐场皆圮，蜀山沦入海中，聚落、田畴失其半……”

《元史·五行志》

元泰定三年（1326年），“八月盐官州大风，海溢，捍海堤崩，广之十里袤二十里，徙居民千二百五十家以避之”。

《元史·五行志》

除了在正史中进行连篇累牍地记录海岸侵蚀现象外，在历代的地方志中也有很多记录。兹举例如下：

宋代常棠的《澉水志》有如下的记载：“旧传沿海有三十六条沙岸，九涂十八滩，至黄盘山上岸，去绍兴三十六里，风清月白，叫卖相闻。”东晋时，杭州湾宽只有十余公里，黄盘山在岸上，到宋代，“黄盘山邈在海中，桥柱犹存。淳祐十年（1250 年），犹有于沙岸潮里得古井及小石桥、大树根之类，验井砖上字，则知东晋时屯兵处。”

后代县志也有类似记载：

“宋咸淳六年（1270 年），大风海溢，（浙江）新林被虐为甚，岸址荡无存者。”

民国《萧山县志稿》，卷五

“宋宣和四年（1122 年），盐官海溢，县治至海四十里，而水所啮，去邑聚才数里，邑人甚恐。”

乾隆《海宁州志》，卷十六

“宋嘉熙二年（1238 年），秋，潮由海门捣月塘头，日侵月削，民庐僧舍坍四十里。”

民国《浙江通志》，卷六十二

“文宗天历元年（1328 年），都水庸田司言，八月十日至十九日，正当大汛，潮势不高，风平水稳……十五日至十九日，海岸沙涨东西长七余里，南北广或三十步，或数十百步。”

《元史·河渠志》

海陆变迁，即沧海桑田的思想，到了宋元时期更加普及，而提出了许多新的例证。

沈括（1031—1095 年）在《梦溪笔谈》卷二十四第四三〇条写道：“予奉使北行，遵太行而北，山崖之间，往往衔螺蚌壳及石子如卵者，横亘石壁如带。此乃昔之海滨，今东距海已近千里。所谓大陆者，皆浊泥所湮耳。尧殛鲧于羽山，旧说在东海中，今乃在平陆。凡大河、漳水、滹沱、涿水，桑干之类，悉是浊流。今关、陕以西，水平地中，不减百尺，其泥岁东流，皆为大陆之上，此理必然。”在这段文字中，沈括根据海生螺蚌壳和海滨砾石，来论证现在的高原为滨海，并提出华北平原为由黄河、漳水、滹沱河等河流带来的泥沙沉积而成，并进一步说明华北平原过去曾是海洋。另外，沈括在谈到浙江雁荡山的形成原因时，又强调了侵蚀作用。尽管沈括没有谈及地质内营力的作用，但其地质理论已十分先进了。李约瑟对此有高度的评价：“沈括早在十一世纪已经充分认识到詹姆斯·郝屯在 1802 年所叙述并成为现代地质学基础的这些概念了。”①

我国著名的理学家，南宋的朱熹（1130—1200 年）对沧海桑田也有精辟的论述。他说：“今登高而望，群山皆为波浪之状，便是水泛如此；只不知因什么时凝了，初极软，后来方凝得硬。”又说：“海宇变动，山勃川湮……尝见高山有螺蚌壳，或生石中。此石即旧日之土，螺蚌即水中之物。下者却变而为高，软者却变而为刚。”②

元代的于钦（1283—1333 年）在《齐乘》一书中说：“府城南五里上方，号大云

① 李约瑟：中国科学技术史，第五卷。
② 朱熹：朱子全书·卷四九·天地。

顶，有通穴如门。可容百余人，远望如悬镜，泉极甘冽，崖壁上衔蚌壳结石，相传沧海桑田所变，如沈存中（括）《笔谈》载太行山崖螺蚌石子横亘如带之类，齐地尤多。"①

从上述唐颜真卿从公元771年首次记录抚州城麻姑山螺蚌化石，至元代于钦记录云门山螺蚌化石，在这400年间，对沧海桑田的认识也日趋深入，这种科学思想的形成比达·芬奇早700年，流水地貌的科学思想比近代地质之父郝屯（1726—1797年）早600多年。

三、明清时期

1368年，朱元璋率众推翻了元朝的统治，登上皇帝宝座，建立起了明王朝。他汲取了元朝失败的教训，一方面革除了一些旧的腐朽制度，一方面采取了发展农业和工商业的一系列休养生息的措施。朱元璋实行的政治与经济措施，一方面加强了中央集权制度；另一方面，由于在农业方面奖励垦荒，实行屯田，重视农田水利，推行"一条鞭法"，减轻赋役；在手工业方面，改变元代手工业者的奴隶身份，规定除轮流定期应役外，可以自己制造手工业产品，到市场货卖；在商业方面，不断开辟交通网络，即满足了军政需要，也为发展商业提供了方便。在这一系列的政策措施影响下，明朝的经济得到迅速发展，手工业、商业性城镇大量涌现，商品经济有了很大发展，国内外贸易繁荣，并出现了一定的资本主义萌芽，如雇佣制、商品交易和货币流通等。

朱棣经过四年战争夺取了侄子朱允炆的皇帝位之后（1403年），号明成祖，为了巩固其帝位，同时也为了"示兵异域，示中国富强"，追求海外奇珍异宝，于永乐三年（1405年）派郑和等人率船208艘（其中最大的船长151.8米，宽61.6米，中型船长136.5米，宽51.3米），率众27 800余人南下西洋，历经三年返回。从永乐三年至宣德八年（1433年），在28年的时间里，先后七次下西洋，最远达索马里和肯尼亚。郑和下西洋不仅是我国航海史上的壮举，也是世界航海史上的奇迹。郑和下西洋的航行比意大利人哥伦布1492年横渡大西洋到美洲早74年；比葡萄牙人达·伽马绕过好望角于1498年到达印度洋西南部的卡利卡特早80年；比麦哲伦1520年环球航行早100多年。由于郑和下西洋时需"造巨舰通海外诸国""供亿转输，以巨万万计"，每次都要"费钱粮数十万"（严从简，2009）。加之下西洋的目的只是为了"君主天下""示富耀兵""怀柔远人"，而非为了经济目的，因此，每次远航都耗资巨大，国库已难以承受，于是便在宣德八年郑和第七次下西洋之后，再也没有远航而且实行严格的海禁政策，"片板不许下海""严禁交通外番"……明宣宗去世后，明英宗幼年继位（1435年），大权旁落，朝政日废，特别到1449年"土木之变"之后，明朝快速衰落，统治集团矛

① 于钦：齐乘·卷一·云门山。

盾百出，百姓怨声载道，加之北部少数民族政权不断南侵，沿海的日本没落武士、浪人勾结海盗频繁掠掳沿海百姓，使得明朝政权国无宁日，民不聊生，特别是万历中期之后，更是连年战争，政局混乱，土地兼并恶性发展，国家财政入不敷出，人民生活更加困难，终于爆发了张宪忠、李自成领导的农民大起义。明朝政权在强大的农民起义的冲击下，加之清兵入关，很快就土崩瓦解了。

清兵入关之后，经过几年的战争，统一了全国，建立了稳固的政权。满族原本是一个游牧民族，刚由奴隶制社会进入封建社会，从东北进入中原之后，觉得中原的一切比起游牧时期的东北要先进得多了，因此，清政权完全沿袭了明朝的政治制度，顽固的保护封建自然经济，严厉压制资本主义萌芽的成长。在海洋政策方面，采取了严厉的“迁海”政策。1661 年，清廷正式下令迁海：“迁沿海居民，以恒为界，三十里以外，悉墟其地”。康熙三年（1664 年）“令再徙内地五十里”。迁海的结果，不仅造成了“沃壤捐作蓬蒿”“滨海数千里，无复人烟”的局面，而且导致了“内外阻绝”“商旅不通”，使沿海航海贸易遭到沉重打击。虽然康熙二十三年（1684 年）开禁，但有着严格的限制，如限制人民出海自由贸易，限制商品出口，限制出海船只，不准携带武器等。

明清的禁海政策不仅仅限制了国内外航海贸易，失去了中国资本主义萌芽的成长壮大，而且造成了海防空虚，给正在成长的西方资本主义列强强扣中国国门的机会和方便，自明朝以来，就不断入侵中国，强租强占中国沿海港口与土地。明嘉靖三十二年（1553 年），葡萄牙人强行“租借”澳门，成为西方侵华的第一块殖民地；万历三年（1575 年）西班牙人与中国通商，获准以厦门为其贸易口岸；天启六年（1626 年）西班牙人强占台湾基隆；1622 年至 1623 年荷兰人先后入侵澎湖与台湾，并于崇祯十四年（1641 年）撵走西班牙独占台湾；在崇祯十年（1637 年），英国人强占虎门，到清道光二十年（1840 年）爆发了中、英鸦片战争。到了清朝晚期，东西方列强更是争先恐后掠夺中国财富和强占领土，造成了国家濒于灭亡局面。

在明清闭关锁国之时，正是欧洲工业革命之日，资本主义大发展时期，各工业国都试图去本土之外各国发展势力，拓展市场，掠夺财富。因此，中国也就遭受了上述各列强的侵略与强占，与此同时，西方文明也开始向中国传播，中国也从中学习了不少新的知识，其中包括地理学知识。其中，康熙皇帝本人就孜孜不倦地学习了数学、天文、地理、测量等知识，并在其在位期间开展了大规模的地图实测工作，康熙五十七年（1718 年）完成《康熙皇舆全览图》，在乾隆年间又进行了全国地图测绘，并完成了《乾隆内府舆图》。在《乾隆内府舆图》上准确地绘出罗布泊、黄河河口、崇明岛等重要地貌的地理位置（袁运开等，2000），为研究该区的地貌变迁，提供了可靠资料。在此背景之下，康熙年间我国产生了一位伟大的地理学家孙兰，他生于明天启、崇祯年间，卒于清康熙末年（1722 年）。清初入京，他从德国传教士汤若望学习西洋历法与数学，尽得其奥。因不满朝政而归隐江都，博览群书，怡养性情，精研天地之学，著成《柳庭舆地隅说》一书。该书分为上、中、下三卷，分别为："格理论"，探讨地理现象变化规律；"推事论"，叙述全国各地地形地貌大势，改订地理史料；"方外论"，论述外域地理；附卷引入西方天文概念，推算地球的直径、圆周，阐述地球形状及天地运行规律，总括而言其地理思想可从五个方面来说明①。

第一，全力探索自然地理现象成因和运动变化规律的地学观。孙兰认为，地学研究的目的和方法不能光满足于对各种自然地理现象的描述与记载，而应深入了解和掌握其中发生的原因和运动变化发展规律，从而为人类服务，即地学要从"志""记"发展上升为"说"才更有价值。他说："志也者，志其迹；记也者，记其事；说则不然。说其所以然，又说其所当然，说其未有天地之始，与既有天地之后，则所谓'舆地之说也'。"

第二，"变盈流谦"和"高下相因"的辩证发展观。孙兰认为，地球表面的各种地形地貌不是一成不变的。高必因于下，下必因于高，同时两者在一定条件下相互转化。他根据《周易》中"变盈流谦""高下相因"的观点，提出了地形地貌变化原因的见解："《易》称：地道变盈而流谦，则古今地道变更皆由于此"。他进一步解释说："唯水气避高趋下，洋溢怒张，足以损高以就卑，变盈而流谦，流久则损，损久则变，高者因淘洗而日下，卑者因填塞而日平，故曰变盈而流谦。"孙兰还进一步将"变盈流谦"分为三种类型："变盈流谦，其变之说亦有可异者。有因时而变，有因人而变，有因变而变。因时而变者，如大雨时行，山川洗涤，洪流下注，山石崩从，久久不穷，则高下易位。因人而变者，如凿山通道，如排河入淮，壅水溉田，起险设障，久久相因，地道顿异。因变而变者，如山壅土崩，地震川竭，忽然异形，山川改观。"

孙兰的"变盈流谦"说，试图从动态变化发展的视角去揭示地表变化的原因和规律。该学说比美国著名的地理学家戴维斯的"地理循环"毫不逊色，且比其早提出200多年。

第三，维持生态平衡的环境保护观。孙兰认为，人类必须依赖环境而生存，那就必须山川之足以依，泉流之足以通，器用之足以备，禽兽鱼鳖足以利。"一有所逆，鲜不为患。"

第四，"因地制流"的治河观。孙兰认为天下之水的运动变化无非有两个原因。"一因乎天，一因乎人。"即与自然因素、人为因素有关。他提出："欲治河、淮，须明高下之势与曲折进退之理。"根据不同地理环境条件采用不同的治理方法，他说"因地制流，似乎权在于地，不在于流。"因此以改变原有的不利的地形条件达到治理水患的目的。他提出三种治水途径：一是"以用为制"，即兴修水利，为人所用；二是"以导为制"，即清理河道，导水归流；三是"以察为制"，即根据实地考察结果，因地而治。"制因乎时而变"，即要根据实际情况和科技水平制定治河办法，不能老照搬前人做法。

---

① 孙兰，柳庭舆地隅说。

第五，运用天文知识的大九洲的自然地理观。前已述邹衍已对世界地理进行了猜想，提出了大九洲说，或称大瀛海说，这种猜想多是据航海所见所闻及传说而提出来的，故其真理成分不多。孙兰则根据西方的算学，天文及测量知识。他认为尽管“天地之道，广大无穷”，只要“得其纲要”，便“皆可推算以定”。从而了解地球全貌及运动规律，并得知地球形状、半径、周长、地球面积及地理带的一些知识。“日南一度，知地寒气进二百五十里。日北一度，知地热气进二百五十里。如是递进递退至热极、寒极，知地面寒热进退之理。以余寒余热相较，知地面中和之理。以日出日入，知地面东西远近之理。以此推地体、地面南北东西远近里数之大略也”。虽然孙兰的说法和数据很难说是严格的科学计算与研究，但确实开启了现代地理学的先河，使原来我国的地理猜想向地理科学前进了一大步。

孙兰的上述地理思想，虽然没有直接地研究海岸地貌问题，但他的思想，特别是“变盈流谦”的思想，对我国后世地理学发展有重要意义。

如前所述，海岸地貌知识的形成与积累是与一个国家的航海事业及国防建设密切相关的。虽然明清时期长时间采取了禁海政策，但明初的郑和七下西洋及其以后官办的航海贸易并未停止，特别是清康熙后期开海，以及明清抵抗外侮的海防建设都促进了海岸地貌知识的提高与积累，因为“历代过洋知山、知沙、知浅、知深、知屿、知礁，精通海道，寻山认澳，望斗牵星，古往今来，前传后教，流派祖师。”即是说任何航海家必须通晓天文地理以便正确地进行航海定位，海岸地貌知识便代代相传下来了。

明代编制的《郑和航海图》被认为是明宣德年间（1426—1435 年）产物，后被天启年间的茅元仪收入《武备志》卷 240 中。该图可以说是我国第一幅海图，在该图中共载地名 550 个，其中外国地名 294 个。图中载我国岛屿 532 个，外国岛屿 314 个。在图中分出的海岸地形地貌类型有：岛、屿、沙、浅、洲（有洲、山两种概念）、礁（又分出沉礁、即暗礁）、山（有岛的概念，如上、下川山和山的概念如石灰山、牛角山）、石塘、港、湾、门、溜、头（岬）、嘴等十余种。另外，从图中可以看到镇江的金山仍在江中；崇明岛外有三个河口沙洲，分别称之为铁铜、胡椒、浅沙；长江口已到南汇嘴，由此可以探讨长江口从明宣德年间至现在的演化过程。

另外，在明朝的《皇舆图》把石塘和长沙分开，石塘为不出水的环礁，长沙为出水浅滩，而且知道石塘位于水下八九尺处。顾珍在《海槎余录》中就说：“千里石塘在崖州海面之七百里外，相传此石塘比海水特下八九尺者也。”

明清时期出现了不少航海指南类图书，其中较引人注意的有两本，其中一本是明末（1639 年前）成书的《顺风相送》和清初成书的《指南正法》。

在《顺风相送》一书中，不仅记录了国内地形地貌 19 处、国外 74 处，而且在书中有不少新的地形地貌概念。如“坤身”，即现代的沙堤；“古老浅”（“古老石”），即珊瑚岸礁；“石牌（排）”，即礁石；“泥尾”，即泥质水下沙嘴；“拖尾”，即沙质水下沙嘴；“沉礁”即暗礁等。除提出新概念，还对某些地方的具体地貌进行了描述，如书中描述七州山是“山有七个，东上三个一个大，西下四个平大”。描述锡兰山说“船身过北，都是坤身，有古老浅。外有三十五托水”。在后一种书中对许多地方的海岸特征有详细描述，如《指南正法》“东洋山形水势”一节中对澎湖和台湾做了详细描述：“澎湖暗澳有妈祖宫，山无尖峰，屿多。乙辰五更取蚊港，蚊港亦叫台湾，系是北港，身上去淡水上是圭笼头，下打狗子，西北有湾，有石不可能抛船，东南边亦湾，东去有淡水，亦名放索番子。远看沙湾样，近有港坤身，有树木”。又记台湾南小琉球屿的珊瑚礁海岸：“琉球仔生开津屿，有椰树，有番住及郎娇大山，前流水过西北转湾，湾内有天古石礁碑，有十里之地。”

清雍正八年（1730 年）陈伦炯所著的《海国闻见录》一书对全国海岸地貌有系统论述。他说山东海岸是“登州一郡，陡出东海，尽于成山卫”。苏北海岸是“海州而下，庙湾而上，则黄河出海之口，黄浊海清，沙泥入海则沉实，支条缕结，东向汙长、潮满则没，潮汐或浅或沉，名曰五条沙，中间深处，呼曰沙行”。“江南三沙船往山东者，恃沙行以寄泊船，因底平少阁无碍；闽船到此则魄散魂飞，底图加以龙骨三段架接高昂，阁沙播浪，则碎折，更兼江浙海潮，外无藩杆屏山。以缓水势，东向澎湃，故潮汐之流比他省为最急。”台湾海岸地形“延绵二千八百里，西面一片沃野……郡治南抱七昆身，而至安平镇大港，隔港沙洲直北至鹿耳门”。广西钦州湾海岸岛屿罗布海中，“至于防城，有龙门七十二迳，迳迳相通。迳者，岛门也。通者水道也。以其岛屿悬杂，而水道皆通，廉多沙，钦多岛”。同时，陈伦炯还对一些地形地貌进行了解释，如“泥尾”，他认为是由一片烂泥构成的。同时，他在“四海总图”中把七洲洋、长沙、沙头、石塘分开，比明代地形更进一步。他在描述东沙群岛时说：“南澳气（即东沙群岛）屿小而平，四面挂脚，皆嵝古石”，说明东沙群岛是多座珊瑚环礁围成的潟湖岛礁。这比明代记录清晰得多了。

陈伦炯还在他的著作中还提出了一些新的地貌概念，如“沙栏”，即沙堤；“沙伦”，即水下沙堤；“沙�”，即沙滩。他在描述金门时说“门有沙伦”；甲子港“其栏生外，栏内水船可过”；由白龙头港“北边有沙滩”等。上述金门沙伦应是水下潮汐三角洲。

由上述可见，陈伦炯的海岸地貌学说为现代海岸地貌学的形成奠定了一定的基础。

在明清时期，对海岸的蚀淤变迁做了较多较细的记录。这些记录既出于正史，也出现在地方志中，有的还出现在各种杂记中，今举数例说明之。

“（洪武）十三年（1380 年）十一月，崇明潮决沙岸，人畜多溺死。”

《明史》卷二十八，志第四，五行一，水，水潦

“明永乐元年（1403 年）八月十八日，浙江风潮，决江塘万四百余步，坏田四十余顷，汤镇方家塘江堤，风浪冲激，沦于江者四百余步，溺民居及田四千顷。”

民国印雍正版《浙江通志》卷一〇九，祥异下一九三八页

“（永乐）十八年夏秋，仁和、海宁潮涌，堤沦入海者千五百余丈。”

《明史》卷二十八，志第四，五行一，水，水潦

“明宣德十年（1435 年）秋，大风，潮暴涌，海岸尽崩。”

明天启《海盐县图经》，卷一六，第三页

“明成化三年（1467 年）七月，海溢，坏捍海堤六十九处，溺死吕四等盐场盐丁二百七十四人。”

清乾隆二十年《直隶通州志》卷三十二，祥祲第三页

“明隆庆三年（1569 年）夏六月初一，大风潮，江海溢，初一日夜，怪风震涛，冲击钱塘江岸，坍塌数千余丈，漂没官兵船千余只，溺死者无算。”

明万历《钱塘县志》纪事灾祥第五页

长江口地区亦有明朝时期的海岸侵蚀淤积记录，兹举数例：

“州之滨海为利固大，而为富也大。盖海水汹涌，沙岸崩圮，沧桑之变，岁且有之。故老相传，天妃宫已见三徙，每造黄册，必开除塌海若干。”

嘉庆《太仓州志》引嘉靖《海塘论略》

“边海旧有积沙亘数百里，近岁漂没殆尽，无所障蔽，盛秋水涝挟以飓风，为患特甚。”

弘治《上海县志》

“自清水湾以南较川沙以北，水咸宜盐，故旧置盐场，近有沙堤壅隔，其外水味较淡，卤薄难就，而煮海之利亦微矣。”

万历《上海县志》

以上为明朝的一些海岸蚀淤记录。以下举些清朝记录：

“清顺治六年（1649 年）己丑三月，海溢，坏石堤百余丈。”

清乾隆十二年《海盐县续图经》卷七，杂记三，第三十页

“清顺治十二年（1655 年）四月初一日，潮溢，沙崩，逼城下。”

清康熙二十二年《海宁海志》卷十二，第四十七页

“清康熙三年（1664 年）八月初三日，北海塘海啸，塘坍二百余丈，田庐漂没。”

“雍正五年（1727 年）七月十三日，附石土塘刷陷一千六百又十二丈。”

清乾隆十二年《海盐县续图经》卷四，海堤下，第七页

“雍正十三年（1735 年）六月初二、三等日，风潮大作，仁和、海宁等县石草各塘，共坍一万二千二百九十七丈。”

清乾隆四十九年《杭州府志》卷三八，海塘，第三十三页

“清乾隆二年（1737 年）二月十九日，风潮，七月初二日继之。演武场起至三涧寨止，附石土塘坍一千三百二十八丈五尺。”

清嘉庆五年《嘉兴府志》卷三〇，海塘，第三十页至三十一页

“乾隆三十五年（1770 年），大水，漳浦，海澄尤甚，潮水冲决沿海堤岸数十处。”

清乾隆《漳州府志》，卷四十七，第十六页

在清代文献中除对风暴的海岸侵蚀现象进行记述外，还对海岸淤积等现象进行了记录。如对云台山连陆现象，在嘉庆年间《海州志》中就有详细记载："康熙四十年（1701年）后，海涨沙淤，渡口渐塞，至五十年（1711年）忽成陆地，直接山下矣。"① 钱塘江口的变迁也引起人们注意，原钱塘江口水行南槽，后南槽淤改行北槽。这在光绪年间的《上虞县志》中有记载："国朝康熙十七年（1678年），沙碛峙中流，长广百余里。"② 梁钜章在其《浪迹续谈》中也说："嘉庆已未（1799年）于桥上望见城外大江中，如十万玉龙排海而过……据云，此数十年前事，近来潮小，虽以大潮期内，亦不能有此奇观。余问小潮之故，则曰……沙壅钱塘江之谚，今皆应之。"

明清时期除对海岸冲淤变化进行纪实之外，还对某些地貌现象进行了成因讨论。如清代的地理学者顾祖禹就对"岗身"的成因进行了说明"自常熟福山而下有岗身二百八十余里，以限沧溟……有上岗身、下岗身、归吴等岗身。其岗门亦多堙塞，州境得名者犹二十有六。……吴郡续图经云：滨海之地，岗阜相属，……说者谓山脊曰岗，州无山而有岗身，盖海沙壅积，日久凝结。或开浚河道堆土为阜，兀然隆起，土人名为岗身"。另外还对其他岗，如蜀岗等，进行了详细描述。

除上述外，顾祖禹还对沿海岛屿进行描述并对某些沙洲，如崇明岛的形成做了详细说明"唐武德间，吴郡城东三百余里忽涌二洲，谓之东西二沙，渐积高广，渔樵者依之，遂成田庐，吴杨因置崇明镇於西沙，宋天圣三年续涨一沙，与东沙接，民多徙居之……逮中清国初又涌一沙西北，相距五十余里，以三次叠涨，因名三沙，亦谓之崇明沙……"

到了清朝末年，海岸地貌知识不仅在知识界传播，记录在地方志。史书及某些杂记中，而且在官员的奏折中亦广泛引用海岸地貌学术语，论述国防建设。如李鸿章在光绪十年闰五月十三日（1884年7月5日）写的《力筹战备折》中说"由北唐东北至滦州、乐亭、昌黎一带曰清河口、曰老米沟、曰甜水沟、曰蒲河口，皆有淤沙数十里拦港，潮涨不过数尺，潮涸仅通民船、轮船断不得过"。同日在《复奏各口炮工程片》中也说"大沽、北塘仍就咸丰年间防营旧基充扩而增益之，两岸沙滩一望无际，掘地三尺即见水，无高阜可依，亦不能添挖地沟，其地势然也。所幸海口淤狭，大船巨炮不能驶入，军士定能凭险扼守"。同年农历七月二十三日（1884年9月12日）李鸿章在《遵呈海防图说折》中又说："大沽、北塘口外，各有拦港沙一道，潮落不通轮舟，潮涨亦不能进铁舰……至于奉天之营口炮台工程……口外有拦港沙一道，内为辽河，水浅不能通轮舟。"

除了李鸿章之外，其他大臣在论述国防建设时，也涉及了海岸地貌问题。

1886年3月，出使德国大使许景澄在奏哲中说："查大沽、北塘一带距口二三十里，间有拦沙界隔，水深三四英尺，潮汛大时亦只十三四尺"，而"现在新造甲船吃水

---

① 唐仲冕修：《海州志》卷20。

② 朱士黼纂：《上虞县志》卷22。

最浅，如济远者只能悬泊口外……”

上述资料表明，到了晚清，海岸地貌知识得到较广泛的普及并在一定的范围内得到应用。这也标志着海岸地貌知识不能只在某些少数人手中传来传去的传抄，而能广泛应用，如在国防建设上，同时也标志着，在中国海岸地貌的研究就要开始了。

第三节　中国海岸带地貌研究的起步期（1840—1949 年）

从上节可知，自明朝开始西方列强就扣中国的大门，并先后占领了台湾和澳门。到 1840 年的鸦片战争，西方列强则打开了中国的大门，纷纷强占强租中国的土地、海湾和河流，使中国由封建社会变成为半封建半殖民地的社会，社会越来越贫弱，人民越来越痛苦。我国广大爱国和有良知的知识分子也开始了寻求救国救民之路。当然，随着帝国主义的军事入侵，相伴随的便是经济掠夺和文化侵略，西方的科学技术和文化思想也随之进入了中国，其中地理（包括海洋学）也从传统的记述性的学问，逐渐转变为现代科学，同时也随着社会的需求，如前述的国防建设和航海事业的发展对海岸地貌知识的需求越来越迫切，我国知识分子对该领域的投入也就越来越多。

首先值得提出的我国近代地理学的开山鼻祖张相文和他组创的地理学会。

清末废除科举，地理学被列为学校教育正式课程之一。光绪二十五年（1899 年），张相文（1866—1933 年）任上海南洋公学地理教师，并于 1901—1902 年编著了《初等地理教科书》和《中国本国地理教科书》，受到教育界的欢迎，1905 年又编写了《地文学》等著作，成为我国最早最成熟的自然地理学教科书，其后又写了《长城论》《中国地理沿革史》等多种专著，为我国地理学的发展做出了重要贡献。清宣统元年（1909 年）张相文约集白毓昆等人在天津成立中国地理学会，张相文任会长。这是我国最早的一个学会。翌年出版《地学杂志》，作为中国地理学会的学术刊物，起初为月刊，后因经费拮据，遂改为双月刊、季刊、半年刊，1923 年最后定为季刊。《地学杂志》从发行至抗战前夕被迫停刊，共刊出 181 期，发表地理论文 1 600 多篇，其中有多篇关于海岸方面的论文，如 1916 年第 2 期上发表的俞肇康的《渤海地域之研究》，1922 年第 4 至第 5 期上的李长傅的《江浙海岸变迁之研究》等。张相文通过地理学会和会刊组织了地理学队伍，培养了大量地理研究人才，使处于萌芽状态的近代地理学得以迅速成长，也促进了中国海岸带地貌学逐渐发育成长。

一、中国海岸带地貌调查研究的准备期

如前所述，海岸带地貌的调查研究是与时代的需要和先进的学术思想的出现是分

不开的。

帝国主义的侵略与掠夺，清王朝的专制与腐朽，引起了逐渐觉醒的中国人顽强的反抗。孙中山先生凭此民意，率领中国人民发动了辛亥革命，于1911年10月10日，武昌起义，全国各地纷纷响应，推翻了满清王朝，建立了中华民国，并于1912年1月1日就任中华民国大总统。这次革命虽然结束了中国两千多年的封建君主制度，但在帝国主义和封建势力的压力下，孙中山于1912年4月被迫解职，袁世凯窃取了辛亥革命的胜利果实。以后的中国又出现了长期军阀混战的局面。

孙中山先生在回顾晚清各帝国主义国家从海上入侵中国的情形时，总结了鸦片战争以来中国有识之士奋力抗争，保卫海权的历史经验教训，顺应20世纪初期世界发展潮流，提出了符合近代资产阶级革命精神的海权观念，在中国海权史上树立了一座不朽的丰碑。

孙中山先生的海权思想主要有三个方面。

第一，以海兴国，“海权兴，则国兴”。孙中山在论述海洋与国家关系时说：“自世界大势变迁，国力之盛衰强弱，常在海而不在陆，其海上权力优胜者，其国力常占优胜。”他指出，“中国自与外国通商以来，同外国订立通商条约之日，即中国亡国之日。此等通商条约系我们卖身契约，使中国不成其为国家”。因此，“一定要主张废除中外一切不平等条约，收回海关、租界和领事裁判权”。

“欧战告终，太平洋及远东为世界视线之焦点……”“何谓太平洋问题？即世界海权问题也”“惟今后太平洋问题，则实关我中华民国之命运也”。

第二，建设强大的海军。一个国家要掌握海权必须有控制海权的手段；要捍卫海权必须有强大的海军做后盾。因此，孙中山先生提出：“海军实为富强之基，彼美英人常谓，制海者，可制世界贸易；制世界贸易，可制世界富源；制世界富源者，可制世界。即此故也”。在1912年1月1日，中华民国宣告成立时，总共设立九个部的临时政府，就设立了海军部，可见对海军的重视，而且就美、英等海洋强国的状况看我国海军之弱小，忧心地而又高瞻远瞩地指出：“中国之海军，含全国大小战舰，不能过百只，设不幸有外侮，则中国危矣！”

第三，发展海洋实业，建设三大港口。1919年，孙中山先生一度寓居上海，潜心研究中国革命和建设问题。他用了三年多时间呕心沥血写成了《建国方略》一书，描绘了中国近代化建设的一幅宏伟蓝图。他在洋洋十万余言的“实业计划”中列出了六大计划、十大纲领、四大政策。开发利用海洋，建设三大港口及沿海一系列港口，进军海洋，把中国与世界紧密联系起来，则是其前三大计划的核心。

建设北方大港、东方大港和南方大港，是“实业计划”中“六大计划”中的三个大计划，孙先生选的北方大港位于“大沽口秦皇岛两地之中途，清河滦河口之间”。东方大港位于“杭州湾中乍浦正南之地”“位于乍浦岬与澉浦岬之间”。至于南方大港，孙中山说：“吾人之南方大港，当然为广州”。除规划三大港口之外，还规划四个二等港，即营口、海州、福州和钦州。九个三等港：葫芦岛、黄河口、芝罘、宁波、温州、厦门、汕头、电白、海口。另外还要建设15个渔港：安东、海洋岛、秦皇岛、龙口、石岛湾、新洋港、吕四港、长途港、石浦、福宁、湄洲湾、汕尾、西江口、安海和榆林港。他认为上述28个港口连同三大港共31个港，“可以连合中国全海岸线，起于高丽界之安东，止于近越南之钦州，平均每海岸线百英里，得一港，吾之中国海港及渔港计划于是始完”。但和欧美相较，我国海港还是太小太少，它只“不过仅敷中国将来必要之用而已”。

上述的清末的海防形势及孙中山的海权思想，《建国方略》等表明了我国到了清末及民国时期都渴望有强大的海防，保卫自己的海疆，行使自己的海权。因此，必须建设自己国家的万里海疆，而要实现强国梦，首先要了解自己的海洋，可以毫不夸大地说，进行海洋、海岸带的调查研究是时代的需要，也是时代在呼唤。

到了清末和民国期间，国家的兴亡成为全国人民的头等大事，而海防建设和发展海洋实业是国家的重大课题，孙中山先生的《建国方略》中的“实业计业”就这些问题做了详细阐述，为中国海洋事业的发展做好舆论准备。

海洋调查研究，除了国家需要和舆论准备之外，还需要有科学理论上的准备，人才培养及组织。

第一，理论准备。中国在此之前的传统地理学是“志”“记”“述”之类的记述地理学，到孙兰之前还没有发展到“说”，还没有形成科学地理学，也就是说还没有形成“说”。虽然在明末清初，西方地理思想开始传入中国，清康乾年间的孙兰也提出了“变盈流谦”先进的地理学思想，但在那个时代科学技术登不了大雅之堂，而且传播手段的关系，多么好的科学思想也得不到广泛传播。但在此期间西方地理学得到快速发展。其中1909年美国地貌学家W. M. 戴维斯在构造、营力、时间三要素基础上提出了上升、下沉海岸变迁的轮回学说，建立了海岸发育的系统理论。在该理论发表之后的10年，即1919年，D. W. 约翰逊（Johnson）的《Shore Processes and Shorline Development》（《海滨过程和海岸线发育》）一书问世，该书承继了戴维斯的海岸发育的基本理论，将海岸分为四种类型，即上升海岸、下沉海岸、中性海岸和复式海岸，并且详细地论述每种海岸的基本特征及演化方向。该书的出版使海岸地貌学成为一门独立的学科，虽然该书中有许多缺欠和不足，但在当时是世界上第一部有关海岸地貌学的著作，对世界海岸地貌学界的影响是难以估量的。因此，可以说《海滨过程和海岸线发育》一书的出版也为中国海岸的研究做了理论准备。

第二，人才培养。中国真正意义上的科学人才的培养是在鸦片战争之后，1840年的鸦片战争，清朝战败，订立了不平等条约，割地赔款。其中部分庚子赔款用来培养送往国外的留学生，此后许多有志于“科学救国”的青年纷纷利用公派和自费的方式去西方各国学习科学，以达救国之目的。在此大批留学生之间就有许多学地学的，这些人到了清末民初陆续回国，有的开始了中国的海岸地貌研究。

第三，调查研究组织。首先对我国海岸和近海进行科学调查的是外国人，即那些打开中国大门的外国殖民主义者，他们首先在中国海域开始海图测量，以便为他们掠夺更多的利益服务。英国在1841年与清政府在签署《穿鼻草约》时，就对香港海域进行水深测量，完成了《香港和附近海域》水深图，其后还对其他海域进行测量，如1863年完成了《胶州湾及其附近海域》水深测量。在中国海岸调查中，外国也较中国人先行一步，如德国人李希霍芬在1868—1872年间多次来华考察，并于1877年出版了多卷本的《中国》一书，根据他的观察结果，以宁波为界将中国海岸分为两段，其南为下沉海岸，其北为上升海岸，该书对胶州进行了详细叙述，为德国后来侵占胶州湾做了准备。

各西方列强强占中国沿海各地后，为修建港口等设施，对中国海岸各有关海湾河口进行了专门的调查，如德国人强租胶州湾后于1892年派专员对胶州湾的自然条件，如地质、地形、地貌、水文、气象等进行专门调查，为其在胶州湾建港做准备。

在清末和民国期间有如下数项调查研究工作：

1898年德国人在青岛设简易气象台，并于该年3月1日开始正式观测，1900年改为气象天测所，1905年迁至观象山今址，1911年改名为青岛观象台并开始潮汐观测业务。到1949年，我国沿海建立的海洋观测站约20个。

1917年，陈葆刚等人在烟台创立了山东省水产试验场，以改良渔具、渔法、研究海产品和加工技术为宗旨。这是中国最早的海洋水产科研机构，也是中国最早建立的涉海科研机构。

1922年，中国海军成立海道测量局，开始进行有限的近海海图测绘与海洋调查。

1928年，青岛观象台新设海洋科，在胶州湾及其附近海域进行海流观测、海水分析、海产调查等。

1929—1930年间，广东水产试验场进行海丰和九洲近海渔捞调查。

20世纪20年代初期，厦门大学动物学系部分师生即从事海洋生物学的研究。1930年，动物学系与中华教育基金会联合创办了四届“暑期生物研究会”，邀请中外生物学专家教授抵校讲学，开展研究工作，并建立了“中华海洋生物学会”，出版了会刊4期。1935年，太平洋科学协会海洋学组中国分会委托厦门大学成立了厦门海洋生物研究室。1935—1937年，学校创办了“海洋生物研究场”，从事经济海洋生物研究，编写了10本论文报告并制作海洋生物标本。抗战期间，厦门大学西迁闽西长汀，其间汪德耀开设了《海洋生物学》课程。1944年，唐世凤获英国利物浦大学哲学博士学位回国，应聘为厦门大学生物系教授，与汪德耀一起筹办海洋学系。1946年厦门大学回迁厦门，正式建立我国高校的第一个海洋系，并开始正式招生。同时，经中英庚款委员会推准，在厦门大学建立中国海洋研究所，这也是我国的第一所海洋研究所。

1924年10月25日，建立私立青岛大学。1930年5月，青岛大学与省立山东大学合并成立了国立青岛大学，杨振声出任校长。在学科发展上，杨振声提出了要利用青岛的自然地理条件和优势，发展生物学、海洋学、气象学的教学和学科发展意见。1932年国立青岛大学更名为国立山东大学，赵太侔任校长。抗日战争期间，学校迁往安徽、四川等地。抗战胜利后，山东大学又于青岛复校。当时建制为5院14系，水产系即诞生于此时，隶属农学院。

1930年中国科学社在青岛举行第十五届年会时，蔡元培先生联合李石曾、杨杏佛等向与会的各位科学家倡议在青岛组织中国海洋研究所，开展海洋学研究。年会期间举行了第一次筹委会会议，并议决先行开办水族馆，择定海滨公园（现在的鲁迅公园）为馆址。1931年1月，中国海洋研究所所属青岛水族馆开工建设，1932年2月建成，5月8日举行了开馆典礼，9月起对外展出。水族馆建成后，与青岛观象台联合研究。

二、中国海岸带地貌调查研究的起步期

1931—1937年期间，江苏渔业试验场进行了以长江口铜沙灯船为起点向东40千米和嵊山东北方向的海洋横断渔业调查。此后，海南生物科学采集团沿海南岛各港湾进行了生物采集调查工作；中央研究院动植物研究所在渤海和北黄海进行近海考察，对两海区的渔业生物资源、水文以及气象要素都进行了观察研究。

1935年4月，太平洋科学协会中国分会成立，蔡元培、丁文江先生又建议在青岛设立海洋生物研究室，委托青岛观象台及山东大学主持，并代为筹措年度经费。青岛海洋生物研究室后来成为太平洋科学协会中国分会四个著名海洋生物研究机构之一。

1935年6月10日，中央研究院动植物研究所借军舰“定海”号进行青岛至秦皇岛一线的近海调查，设31个测站，每月巡回一次。

1935—1936年，北平研究院与青岛市合作组织了胶州湾及其附近的海洋调查，共进行了4次，每次一个半月，分别在1935年和1936年的春天4—5月和秋天9—10月，调查内容有水深、底质、水温（表层、中层、底层）、透明度、水色、盐度（隔数站取水样）、底拖网、浮游生物拖网等。4次调查共设495个测站，分布在胶州湾以及北至崂山湾、东至大公岛和小公岛的海域，测站位置不固定，调查获得了大量海洋动物标本。

在此期间，一些外国组织和个人对中国海某些海域进行了海洋地质调查。如20世纪的20年代，日本渔船在东海和部分黄海海域采集了960多个站位的表层沉积物样品进行研究，20世纪30年代初期，美国海洋地质学家F. P. 谢帕德（F. P. Shepard）编绘了中国海沉积物分布图。

在清末至民国期间，除了上述的成立调查研究机构，在大学中建立有关海洋科系培养海洋人才，及开展局部区域的某一学科为主的调查研究外，我国的海岸地质地貌学家们经过艰苦努力，对我国沿海地区进行了广泛的调查研究，从1910年至1949年在各类刊物上发表论文125篇，其中有关滨海地质的文章38篇，有关海岸地貌及其演化

的文章48篇，海区及海岸、岛屿一般介绍文章10篇，其他如海塘史、港埠研究、土壤等方面论文29篇。

在这些研究中第一位介绍中国海的是白月恒，他于1911年在《地学杂志》上发表了《渤海过去与未来》。第一位研究中国海岸变迁的是李长傅，他于1922年在《地学杂志》发表了《浙江海岸变迁之研究》一文。在中国海岸早期研究中最负盛名的论文是黄汲清于1928年发表于《北京大学地质研究会会刊》第三期上的《中国沿海地带之地文变迁》一文。在清末至民国期间，研究最多的海岸问题是中国海岸的升降问题。由此可见，此期间的中国海岸地貌的研究深受D. W. Johnson学术思想的影响。此期间的学术成果，除上述黄汲清的论文外，还有竺可桢1920年发表在《科学》上的《杭州西湖形成之原因》一文，该文提出了杭州西湖的潟湖成因说；李庆远的《中国海岸线之升降问题》，胡伦积的《中国之海岸线》等相关文章也颇有见地。而在此期间，在中国海岸研究中最有成就者当属吴尚时和马廷英。

吴尚时（1904—1947年），广东省开平县人，1926年毕业于中山大学英文系，后赴法留学，专攻地理学，1934年毕业，获法国国家硕士学位。回国后任中山大学地理系主任。他除了培养了大量学生之外，勤于野外调查研究，从1935年至1948年的12年间，仅在华南海岸方面发表论文就有11篇，其中海岸升降问题占多数，而其中的《珠江口三角洲》一文是其代表作之一，该文提出了珠江三角洲系由溺谷发育而成，从而否定了珠江无三角洲的说法，该说法和其他成就，如《广东南路》《粤北红色岩系》著作等，使其成为我国华南地区的地学界代表人物。

马廷英（1899—1979年），字雪峰，辽宁省新金县人，1927年毕业于日本东京高等师范和1929年仙台东北帝国大学地质系，之后专门从事古今珊瑚、珊瑚礁及相关的古生态学、古气候学、古地理学及古大地构造问题研究。由于他成绩卓著，获得德国柏林大学、日本帝国学术院双重博士学位。1936年冲破日本阻挠，以丰富的学术成果回国任教，历任中国地质调查所研究员兼中央大学教授（1936—1939年）、中国地理研究所研究员兼海洋组主任（1940—1945年）、台湾省海洋研究所所长（1946—1950年）和台湾大学教授等。他一生致力于珊瑚化石的生长节律、古气候和大陆漂移的研究。主要贡献：发现古今珊瑚的生长节律和生长率及其与赤道变化、水温的关系；运用海相化石详细论述了寒武纪和奥陶纪以来的每一个地质时期的气候与变迁；从40年代开始，依据海相化石系统地论证了“大陆漂移说”，列出了古今各大陆的相对位置和漂移程序，进而解释岛弧、火山和海平面变动的原因，以及其他各种海洋构造，1959年提出邻近中国大陆的东海、南海有良好的储油层，及其相关的石油生成理论。他撰有100余篇论著，重要的有：《造礁珊瑚的生长率及其与海水温度的关系》（1937）、《大陆漂移及亚洲东缘现在的漂移速度》（1957）、《由珊瑚礁年生长值看三大洋发展史》（1959）、《古气候与大陆漂移之研究》（1—19册）（1943—1966），其中仅1936年至1949年就发表了12篇有关海岸和海洋地质文章。12篇论文中有关珊瑚和珊瑚礁论文

3篇，古气候与海岸地貌论文3篇，有关福建海岸4篇，台湾海底地貌2篇。由此可见，马廷英科学研究广泛，视野开阔，科学思想与当时世界海洋地质界研究接轨，取得了较大成绩。可以说马廷英是我国海洋地质学和海岸学的开拓者之一。

除上述马廷英研究之外，还开展了河口及其三角洲的研究，其中最有成就者，就是前述的吴尚时和曾昭璇1948年在《岭南学报》上发表的《珠江三角洲》一文。另外还有陈国达1934年发表的《广州三角洲问题》，陈吉余1947年发表的《杭州湾地形述要》，上述研究开启了我国河口研究之先河。

在这阶段，特别是这一阶段的早期，一些外国学者对我国沿海地区进行了广泛的调查研究。这些研究中，特别是早期研究中，多数是为掠夺中国资源而进行，但也不可否认，他们的研究也为我国后来的研究积累了资料，提供了经验。

第四节　中国海岸带地貌研究的延续与转型期（1949—1977年）

一、民国海岸研究之余绪（1950—1957年）

（一）背景

1949年10月1日，中华人民共和国成立了，这标志着西方列强百年来掠夺中国的历史和30多年的军阀混战史及三年解放战争结束了，中国人民从此站起来了。此时的中国虽然结束了100多年的内忧外患的纷扰，但已是家徒四壁、满目疮痍、百废待兴。正当全国人民满怀信心地进行国家的恢复建设，美国又发动了侵朝战争，中国政府和人民不得不将很大的精力投到抗美援朝的战争中去，同时进行着社会主义政治建设，农村城市的社会主要改造。因此，在科学研究上投入的精力和财力就很有限。在此期间虽没有进行大规模的调查研究，但在组织机构建设和人才培养方面仍做了许多工作。

1950年1月，中华人民共和国成立后第一个全国性群众海洋学术团体——中国海洋湖沼学会成立，为海洋科技人员提供了学术交流的园地。

1950年8月1日，中国科学院组建成立了中国科学院水生生物研究所青岛海洋生物研究室（中华人民共和国成立后的第一个专业海洋研究机构）。1954年1月，该室改制为中国科学院海洋生物研究室，1957年9月扩建为中国科学院海洋生物研究所。

1951年2月13日，中国科学院接收了原中国海洋研究所，改组为中国科学院水生生物研究所厦门海洋生物研究室。

1952年8月，全国高等学校进行调整，厦门大学海洋系物理专业并入山东大学，成立山东大学海洋学系。

1953年，在青岛小麦岛建立了我国第一个波浪观测站，正式开始了海浪观测。

（二）调查研究成就

1953年，农林部水产试验所、中国科学院水生生物研究所青岛海洋生物研究室、山东大学等单位，联合开展了“烟台、威海渔场及其附近海域的鲐鱼资源调查”。这是中华人民共和国成立后开展的第一次海洋调查。此后，水产部门多次进行了渔业资源和渔场调查，为发展海洋渔业提供了有价值的资料。

早在1950年，陈国达先生在《中国科学》1卷3期上发表了《中国岸线问题》一文。该文是针对李希霍芬的中国海岸以杭州湾为分界的南降北升的观点而写的一篇论文。他引用了全国海岸的大量证据。如海积阶地、海蚀阶地、海蚀平台、海岸斜坡、海蚀穴、沿岸平原、连岛坝、河口的河流阶地、沙坝潟湖等，来说明中国海岸并非如李希霍芬所说的南降北升，即中国只有下沉海岸和上升海岸。事实上，中国海岸绝大部分为显著下沉中有轻微上升的复合岸线。陈国达在讨论复合岸线成因时，认为是“地壳运动之所致”。即由地壳上升造成的，并用若干实例说明之。

在上述的研究进行的同时，在海岸地貌方面还开辟了新的研究方向，即河口地貌研究及海岸地貌演变的历史地理学的研究方向。

在河口研究方面，首先是陈吉余于1957年在《地理学报》23卷3期上发表了《长江三角洲江口段的地形发育》一文。该文主要分析了长江三角洲的水下地形特点及控制因素，并讨论了长江三角洲的发育历史、同时讨论了长江三角洲发育演化过程中的人为影响。应该说，该文是作者和他的合作者们进行长江口研究的开山之作，是早期中国河口研究中比较重要的论文。

在同年，曾昭璇发表了《珠江三角洲附近地貌类型》《韩江三角洲》《珠江三角洲地貌类型》等论文讨论了珠江三角洲及韩江三角洲的地貌问题。

二、中国海岸带地貌调查研究的转型期（1958—1966年）

（一）背景

在我国结束了抗美援朝战争之后，顺利完成了土地改革和工商业的社会主义改造工作，从此，中国开始了大规模的社会主义建设。党中央和国务院非常重视科学技术的发展。

1956年10月，在周恩来总理亲自主持下，国务院科学规划委员会制定了《1956年至1967年国家重点科学技术任务规划及基础科学规划》，将《中国海洋的综合调查及其开发方案》列入第七项。这是中国首次将海洋科学研究列入国家科学技术发展规划。1956 年制定的“12 年海洋科学发展规划”，其方针是“重点发展，为海洋开发利用服务”。

在这个时期，由于政治原因和苏联结盟，在科学上也完全倒向苏联，介绍他们的科学著作，邀请有关科学家来华讲学。河口海岸方面，在 1955 年、1958 年、1959 年分别邀请苏联河口学家和海岸学家萨莫依洛夫和 B. П. 曾科维奇等专家来华讲学，传播了苏联的海岸科学知识。应当说，苏联的海岸河口学，特别是曾科维奇的海岸地貌理论当时在世界的海岸学界是受到尊敬的。他们学说的传播极大地推动了中国海岸科学的发展。

为发展我国的海洋事业，我国政府在组织建设、人才培养和科学调查领导方面做了大量工作。

1957 年 11 月《海洋与湖沼》创刊，海洋科学工作者有了自己的科学园地。

1959 年 9 月 1 日，山东海洋学院成立，这是我国第一所以海洋为对象的教育单位。

1962 年，国家科委海洋组组织了一些海洋科学专家编写“1963—1972 年海洋发展规划”，规划遵循“调整、巩固、充实、提高”的原则，其总方针为“继续进行中国海的综合调查，积极为深海洋调查准备条件，以解决吃穿用和国防建设中的海洋学问题为重点，为长期生产建设和探索海洋基本规律做理论准备”。但由于历史原因，这个规划没有全部落实。

此阶段所以称之为转型期，其主要原因有二：其一，在此之前海岸调查研究的理论基础是美国学者约翰逊的海岸地貌理论，而在中华人民共和国成立之后，由政治一边倒向苏联，在学术上也一边倒向苏联，曾科维奇的海岸地貌理论完全替代了约翰逊理论，形成学术思想转型期；其二，这一时期除了进行理论地貌学研究之外，开始海岸地貌学为国民经济服务的研究，逐渐形成了应用地貌学方向，这就形成了学术方向的转型。

由前述可知，在中华人民共和国成立初期的几年里，由于国家把极大的精力和财力投入到抗美援朝战争，土地改革和社会主义改造等社会活动，虽然也在大力恢复国民经济，但在科学上的投入是很有限的。但我国的许多地理学家和地质学家仍然对我国海岸的研究给予了极大的关注，并获取了很多成就。

（二）调查成就

在这七八年间，我国进行了多次有组织的大规模的海洋、海岸带调查。以适应当时国家经济建设和国防建设的需要。

1. 1957—1958 年的断面调查

1957 年 7 月至 1958 年 6 月，在“两弹一星”元勋赵九章担任组长的国务院科学规划委员会海洋组的领导下，中国科学院海洋生物研究所、海军、水产部和山东大学等单位，在渤海、渤海海峡和北黄海西部，联合进行了以物理海洋学为主的多学科、多船同步观测调查，共进行了4个航次。

第1、第2航次分别于1957年7月和9月，使用5条和6条调查船在渤海海峡及北黄海西部的6个标定站位上进行。主要目的是了解渤海湾口海流、潮流、温度、盐度等水文要素的昼夜变化规律。在两个航次调查期间，中国科学院海洋生物研究所还另派“金星”号调查船在同步观测的标定站位上进行定点观测，把连续观测资料和定点观测资料进行比较。第3、第4航次分别于1958年3月和6月，用8条调查船在渤海海峡两侧海区的40个和56个观测站上进行。观测站由渤海海峡扩展到东经122°10′以西的整个海区。在第4航次调查期间，还完成了渤海内24个站的定点观测。后两个航次调查是为了进一步了解潮流和其他水文要素的昼夜变化规律，绘制较大海区的海流、温度、盐度等水文要素的“准同时”空间分布图。

渤海、黄海多船同步观测获得了渤海和北黄海西部多个测站的多种海洋要素资料，较系统地了解了该海区的水文、生物、化学和地质特征，掌握了多种海洋要素的相互影响和某些变化规律。中国科学院海洋生物研究所，根据同步观测资料和同期内“金星”号调查船获得的资料，编写了《1957年6月至1958年8月渤海及北黄海西部综合调查报告》。这次调查是全国海洋普查的预演和序幕。

2. 1958年全国领海基线测量

1958年，中国政府在《关于领海的声明》中宣布了中华人民共和国的领海宽度为12海里之后，中国人民解放军海军测绘部队会同总参谋部测绘局和有关军区、沿海省市测量人员以及中央气象局所属验潮人员等近1 000人，在北起辽宁省的鸭绿江口，南迄广西壮族自治区的北仑河口的广阔近岸海域，开展了全国领海基线测量，先后测定了316个控制点和方位点，绘制了64幅地形图和水深图。并在66个验潮站点连续观测了30个昼夜，于1958年12月完成了领海基线测量的外业调查测量工作。

在此之前的中华人民共和国成立后初期海军组建了海道测量局（1954年扩编为海道测量部）和海道测量部队，迅速开展全国近海的海道测量工作，出版了《中国沿海主要港口概况》一书，刊印了从丹东港到榆林港等23个港口的位置形势图，介绍了每个港口的位置形势、建港经过、航道概况、潮汐、气象、港口设施等，同时更新了许多海图。

3. 1958年开始的全国海洋普查

中华人民共和国成立后首次大规模的海洋综合调查，即“全国海洋综合普查”，是1956年制定的“国家12年科学发展远景规划”中的“中国海洋综合调查及其开发方案”落实的重要内容。为落实国家海洋综合调查规划，根据周恩来总理的指示，交通部上海海运局无偿调拨给中国科学院海洋生物研究室一艘美国建造的远洋救生拖轮“生产三号”，并选派高级船长戴力人和一批经验丰富的船员随船。1957 年 2 月，中国科学院海洋生物研究室委托上海中华造船厂将“生产三号”海轮改装成海洋调查船，并取名为“金星”号，此为中国第一艘海洋调查船。该船总吨位 930 吨，满载排水量 1 700吨，设有物理、化学、生物、地质等 6 个实验室和 1 个气象观测室，配备了自记水温计、无线电测向仪等新式仪器，能够自动记录海洋的温度、海流、深度，其设备在当时是最完善的。该调查船5 月改装完毕，7 月参加“渤海、黄海同步观测”的海上调查。

1958 年 4 月，国家科委海洋组召开扩大会议，决定充分利用我国当时的人力、物力，组织部门间的协作，进行全国海洋普查，其主要目的是：通过对中国近海进行系统全面的综合调查，掌握海区海洋水文气象、海洋化学、海洋生物及海洋地质等要素的分布特征、变化规律及其相互间的关系和影响，编绘海洋学（海洋物理、海洋化学、海洋生物和海洋地质地貌等）图集、图志，撰写调查报告、学术论文，制定海洋资源开发方案，建立海洋水文气象预报、渔情预报系统，为加强国防和海上交通建设等提供必要的基础资料。

1958 年 5 月，国家科委海洋组成立了全国海洋普查领导小组，领导小组下设海洋普查办公室和 3 个海区（黄海和渤海区、东海区、南海区）调查领导小组。海洋普查办公室是全国海洋普查领导小组的常设机构，下设技术指导、资料技术、器材保障等组。参加全国海洋普查的调查队员来自海军、中央气象局、中国科学院、水产部、山东大学、厦门大学、华东师范大学等系统和单位，并且选调了一大批即将毕业的大学、中学学生参加海洋调查。

全国海洋普查的范围包括我国大部分近海区域，分大面观测和定点周日连续观测。在北纬 28°以北的渤海、黄海、东海海区，布设了 47 条调查断面，333 个大面积巡航调查（通称大面调查）观测站和 270 个连续观测站；在南海海区（含北部湾中越第一次合作调查区域）内布设了 36 条调查断面、237 个大面观测站和 57 个连续观测站。在浙江、福建沿海的两个海区内布设了 8 条调查断面和 54 个大面观测站，进行了 8 个月的探索性大面调查。由于受当时条件的限制，东海区台湾省附近和南海区大片海域未能进行调查。

大面观测的项目包括：海洋水文气象（水深、水温、盐度、水色、透明度、海发光、海浪、气温、湿度、气压、风、云、能见度等）、海洋化学（溶解氧、磷酸盐-磷、硅酸盐-硅和 pH 值）、海洋生物（浮游生物、底栖生物）、海洋地质（表层底质取样、柱状沉积物取样、悬浮体取样）和连续测深。其中，海洋水文气象、海洋化学和浮游生物垂直取样，每月调查 1 次；浮游生物分层取样、底栖生物采样和悬浮体取样，每季度代表月（1 月、4 月、7 月、10 月）调查 1 次。周日连续观测是在标定观测站上每次观测 25 小时。

1958年9月15日，黄海、渤海调查队和东海调查队的船只分别从青岛和上海出发，揭开了全国海洋普查的序幕。1960年1月，全国海洋普查工作重点转入内业（调查资料整理）阶段，年底结束。

全国海洋普查共有600多人参加，获得各种资料报表和原始记录9.2万多份，图表（各种海洋要素平面分布图、垂直分布图、断面图、周日变化图、温盐曲线图、温深记录图等）7万多幅，样品（底质表层样品、沉积物柱状样品、悬浮体样品及其他地质分析样品）和标本（浮游生物标本、底栖生物标本）1万多份，1964年出版了《全国海洋综合调查报告》（10册）、《全国海洋综合调查资料》（10册）和《全国海洋综合调查图集》（14册）。这是我国首次系统地整理、编绘和出版的海洋调查资料汇编和海洋环境图集。同时，对此次海洋调查中临时制定的规范进行了全面修改、补充，于1961年编辑出版了《海洋调查暂行规范》。这是我国第一部正式的海洋调查规范。

全国海洋普查在我国海洋调查研究发展史上占有重要地位，并为之后海洋调查的深入开展奠定了基础。全国海洋普查之后进行的近海标准断面调查，使我国近海海洋环境的调查监测作为经常性调查工作坚持下来。全国海洋普查培养、锻炼、造就了一大批海洋科技人才，不仅使海洋生物学得到极大的加强，同时促成了物理海洋学、海洋物理学、海洋化学、海洋地质学等主要分支学科的建立，促进了我国完整的海洋科学学科的发展。全国海洋普查促生了我国国家海洋局和众多重要海洋机构的建立。

全国海洋普查后，国家科委认为国家应当有一个海洋发展规划。1962年，国家科委海洋组组织了一些海洋科学专家编制《1963—1972年海洋发展规划》。1963年3月和5月，国家科委海洋组在青岛和北京香山召开会议，讨论《1963—1972年海洋发展规划》草案。

4. 全国沿海海洋观测站的建立与观测业务的开始

1958年，国务院批准了国家科委同意建设海洋观测站的报告。从1959年开始，中央气象局在海军、水产部、交通部和水电部的大力支持下，在调整原有海洋站的基础上，在全国沿岸布设了119个水文气象站。1964年国家海洋局成立后，根据职责分工，中央气象局将沿海的59个海洋水文气象观测站，移交国家海洋局管理，并全面、系统、有计划地开展了我国沿海观测系统的建设和发展。

5. 全国第一次海岸带调查

1956年，海岸带调查列入国家“12年科学技术发展规划”。从1958年起，辽宁、山东等省的有关科研单位和高等院校都分别进行了局部地区的海岸带调查。1960年9月，国家科委海洋组在天津召开了全国海岸带调查工作会议，国家科委、沿海省市自治区科委、水产部、地质部、中央气象局、中国科学院及部分高等院校等单位参加了会议。会议制定了全国海岸带综合调查计划，由国家科委正式下达。各省、市、自治区分批、分期实施。

在统一计划下，山东、辽宁、广东、福建、江苏、上海、浙江等省市都设立了专门机构来组织海岸带调查。但由于国家经济遇到了严重困难，海岸带调查工作很难全面展开，调查工作不得不中止。但有的省市仍做了不少工作。如 1960 年苏北海岸带和长江口地质地貌调查，1961—1963 年福建省中段及南段海岸带调查，1962—1964 年山海关及北戴河地区沉积相与海岸动态的调查，1960—1963 年华南沿海的地质地貌调查，1963—1964 年胶州湾周围地质构造调查，1963—1965 年渤海湾海岸动力地貌调查等。

为了统一海岸带调查的方法和技术，国家科委海洋组在有关单位海岸地貌调查经验的基础上，于 1963 年 12 月编写出《海岸带调查规范（地貌部分）》初稿。

6. 1959—1960 年的北部湾调查

1959 年 6 月，中国和越南政府签订了中越北部湾海洋综合调查协议书。根据该协议两国科委合作调查队，先后于 1959 年 9 月至 1960 年 12 月和 1962 年 1 月至 12 月逐月进行了北部湾海洋综合调查，内容包括海洋水文、气象、地质、生物以及渔业试捕调查等。1964 年 4 月至 1965 年 12 月在中国青岛进行了资料整理、研究和总结，编写绘制了资料汇编、图集和调查报告。全部报告共 37 万字，插图及附图 1 056 幅，首次较全面概括地反映了北部湾各种海洋要素的基本面貌和变化特点。

（三）研究成果

除了上述的大型的调查研究之外。我国的海岸学家们也在这一期间克服了重重困难，做出极大的努力，从事我国海岸的研究，并在多方面取得了丰富成果。当然这些成果主要是在“文化大革命”之前取得的，部分是我国广大科技工作者在十年动乱期间经过艰苦努力取得的。其主要成绩有如下几个方面。

1. 淤泥质海岸地貌及其发育规律的研究

自从 1959 年组织进行了“渤海湾动力地貌与塘沽新港泥沙回淤调查”之后，除了编写了有关调查报告之外，还发表了若干有关粉砂淤泥质海岸地貌的论文。其中，第一篇论文是叶青超 1959 年发表的《渤海湾西南部现代海岸动力地貌的发育》[①] 一文；次年（1960 年），陈吉余等发表了《渤海湾淤泥质海岸（海河口—黄河口）剖面塑造》的文章。1962 年之后，王颖（1962、1964、1965）、郭永盛（1962）、李从先等（1965）先后发表论文，其中以陈吉余、王宝灿（1960）和王颖等（1964）的论文最具代表性，陈吉余等人的论文主要论述了渤海湾泥质海岸的形成与黄河尾闾摆动（改道）的关系，及剖面塑造的主要控制因素——泥沙来源、波浪、潮汐（潮差与潮时），

① 叶青超，渤海湾西南部现代海岸动力地貌的发育，全国地理学术讨论会论文。

潮流对海岸剖面塑造的影响。

王颖等1964年发表的《渤海湾西南部岸滩特征》一文，首先讨论了粉砂淤泥质岸滩（潮滩）的分带现象并论述了潮滩各带的地貌、沉积、动力、海岸动态的基本特征及分带现象及分布规律，其分布规律从海向陆是：

地貌：外淤积带→滩面冲刷带→内淤积带→龟裂带

沉积：粉砂细砂→淤泥粉砂→淤泥→黏土或黏土质淤泥

动力：潮流和微波→潮流（落流为主）→潮流（涨流为主）→稳定微淤（偶尔冲刷）

另外，王颖（1962，1964）关于粉砂、淤泥质海岸贝壳堤的讨论也是这一时期的重要收获。

2. 砂砾质海岸的研究

1965年，任明达和梁绍霖在《地质论评》上发表了《秦皇岛地区砾石质沿岸堤的成因》一文，该文根据大量的外业实测资料（包括砾石的粒径、长短轴的特征、偏平度、砾石产状、砾石岩性），分析了山海关西侧砾石堤的分布特征、物质来源、运移趋势、箒状砾石堤的形成原因。可以说该文不论在理论上、抑或在方法学上，都具有重要意义，是我国海岸动力地貌研究中的一篇经典文献。

3. 河口地貌研究

如前所述，我国真正的用动力地貌学观点进行河口研究是在1955年之后。这一时期主要成绩有以陈吉余为代表的长江口的研究，其主要代表论文有《长江三角洲江口段的地形发育》（1957）、《长江三角洲地貌发育》（1959）等，以陈吉余、钱宁为代表的钱塘江口的研究，前者用地貌学的观点方法阐明了钱塘江口沙坎的形成条件、基本特征及演变规律（陈吉余等，1964），后者则利用水力学的理论和方法研究钱塘江口沙坎的形成机制，并提出山水潮水之比值是决定河口区堆积体部位的直接原因（钱宁等，1964）。同期曾昭璇研究了韩江三角洲（曾昭璇，1957）。

4. 生物海岸的研究

（1）珊瑚礁海岸的研究

中华人民共和国成立之后，直到1960年，我国才重新开始对珊瑚礁海岸进行调查和研究（仅是个别研究者行为），直到1973—1975年间中国科学院南海海洋研究所才在西沙群岛和中沙群岛开展了海洋综合调查时对珊瑚地貌、地质给予了很大注意。

在此期间，首先开始中国珊瑚礁研究是苏联科学家Д. В. 纳乌莫夫和中国学者颜京松等人共同进行的，当时他们鉴定出珊瑚有12科、27属、60种，均属石珊瑚。作者根据珊瑚礁的分布特征，将珊瑚礁分为岸礁和分布在潟湖和海湾内的珊瑚礁（Д. В. 纳乌莫夫等，1960）。

1964年蔡爱智等人在完成海南岛环岛调查基础上，发表了《海南岛南岸珊瑚礁的若干特点》一文，该文除了阐述珊瑚礁的一般特征外，确定了上升珊瑚礁的存在。

1966年邹仁林发表了《海南岛珊瑚礁垂直分布的初步研究》一文，该文根据鹿回头和西瑁洲岛的调查研究，将珊瑚礁分为三个带，即菊花珊瑚带、蔷薇珊瑚带和鹿角珊瑚带，其中又将鹿角珊瑚带又分出上、下两个亚带，同时论述了各带的生态特征及主要珊瑚种属。

1965年，黄金森发表了《海南岛南岸与西岸的珊瑚礁海岸》一文，该文除了讨论了珊瑚的生长环境之外，还讨论了珊瑚礁类型及形成时代。作者根据珊瑚礁形态与分布将其分为三类：裾礁、潟湖岸礁和礁岛，并根据钻孔岩芯中生物化石情况，将珊瑚礁形成时代定为第四纪全新世。

（2）红树林海岸的调查与研究

我国红树林海岸调查研究开展的比较晚，直至20世纪60年代才开始，并形成了内部调查报告①②。1965年，潘树荣等和曾昭璇等提出了红树林海岸地貌演化大体经历淤泥质潮滩、红树林潮滩和红树林平原三个阶段的基本概念。这一时期仅是红树林海岸研究开始阶段。

5. 海岸变迁的研究

海岸变迁的研究一直是中国海岸研究的重要课题，备受诸多学者的关注。

如前所述，海岸变迁的研究一直沿着两个方向进行，其一是用历史地理方法论证海岸线的变化，另一是用地质、地貌学方法对海岸升降等问题进行研究。

（1）海岸变迁的历史地理学研究

在海岸变迁的历史地理研究方面，最早发表的论文是侯仁之（1957）的《历史时期渤海湾西部海岸线的变迁》一文。该文作者根据《水经注》《太平寰宇记》《读史方舆纪要》等文献，批驳了丁啸的渤海湾海岸线到了宋代尚未到天津的说法，并根据对该地入海河口位置的记述推测出天津一带海岸线在战国时期，即距今两千年以前就已成陆。到了宋代，海岸线前进至军粮城一带。

到了1962年李世瑜先后在《河北日报》和《考古》上发表论文，通过1957年、1958年和1959年的科考调查与复查发现三道古海岸线遗迹。第一条以天津市东郊泥沽为中心，北起宁河的闸口，南迄南郊上林沽，全长75千米。在地貌上为一贝壳堤，在堤上发现有唐宋文物。如唐宋墓葬等。第二道海岸遗迹位于天津东郊以塘沽为中心的“蛤蜊堤”，它北起宁河赵庄，南迄黄骅的苗庄子，全长约185千米。该堤上有村庄数

---

① 李春初，曾远图，全胜，1965，西江三角洲的红树林海岸。

② 毛树珍，宋朝景，许祖康，1965，海南岛北部红树林海岸调查报告，载：中国科学院南海海洋研究所，南海海岸地貌学论文集，第二集，1975。

十座，发现战国墓33座。另有若干其他文物和部分秦汉文物，这条堤起码形成在战国之前。第三道堤北起天津市育婴堂，南迄静海县之四小屯，全长13千米。在该堤上有一座战国遗址，另有三处战国遗址不在堤上。通过上述事实李世瑜认为第一道“贝壳堤”形成于唐宋以前，第二道形成于战国之前，第三道可能形成于殷商时代。后来经过^{14}C测年资料证明，李世瑜推断大体正确，但时间还要上推许多；第一道贝壳堤形成于（1 460±95）—（2 030±150）a B. P.，第二道形成于（3 400±115）a B. P.，第三道则形成于（7 920±665）a B. P. 之前（赵希涛，1980，1979）。

谭其骧从1960年开始到1973年先后发表3篇上海成陆的文章，用历史地理方法研究上海市的地貌演化过程和1965年发表了《历史时期渤海湾西岸的大海侵》一文讨论渤海湾海岸的演化。

除上述之外，这一时期还有人开展海岸带的新构造运动及海岛的地貌研究工作。

（2）海岸升降问题的研究

我国海岸升降问题的研究，在1957—1964年间颇为密集，仅这7年间就可见到以“海岸升降”命名的论文有9篇（曾昭璇，1957，1958；丁锡祉，1958；刘以宣，1962a，b，1964①；赵昭炳，1962；林观得，1959；叶汇，1963）。到了20世纪70年代仅见黄玉昆（1974）1人。从研究区域看研究华南海岸的7篇，福建2篇，辽宁1篇，由上述可见我国海岸升降运动的研究主要集中在福建和华南。研究海岸升降的证据主要是阶地和洞穴地形，如林观得、赵昭炳就将福建海岸划分出5级海岸阶地，其高程分别为10米、30米、80米、120~150米和200米，并说这些台地有海洋生物遗存或海蚀洞穴存在，因此，证明海岸有多次上升。丁锡祉也将辽宁省海岸划分出若干级海蚀阶地。这些都说明中国海岸发生过多次间歇性上升。

这些研究在当时似乎顺理成章，但仔细研究又有许多欠妥之处，不久即有人提出异议：①既然有多级海蚀阶地，为什么找不到相应海积阶地？海蚀物质哪里去了？②为什么许多分布在某些山岭上的洞穴杂乱分布？在高度上没有分布规律，分布方向上也无一定规律。③无法证明海洋生物遗存是原生的。④即使如赵昭炳（1978）所说在25~40米、60~80米两级阶地上有1~6米厚红土层发育，但并没证明它就是海相地层。因此，上述研究者将此海岸附近的阶状地形统统归为海蚀成因是不确切的，是值得讨论的（陈吉余，1962）。也正因为如此，20世纪70年代中期之后，就很少有人对该问题进行研究了。

6. 应用地貌的研究

应用地貌学是应用地貌学的理论和方法研究工农业生产中的有关问题，并为其提供科学依据的学科。

① 刘以宣，1964，华南海岸升降问题，海洋文集。

（1）海岸工程地貌学的研究

前已述及，渤海湾动力地貌调查就是为解决塘沽新港回淤而进行的，是典型的海岸工程地貌调查。

见到最早的有关我国海岸工程地貌学的研究论文，是1958年张治平的《湛江港新构造运动与港湾的形成及其淤积》一文，该文不但讨论了湛江湾形成与新构造运动的关系，而且还讨论了港口淤积问题及其原因。同年，И. В. 萨莫依洛夫发表了《中国海港的回淤问题》；1960年发表了署名中国水利学会的《淤泥质海岸港口及河口淤积问题》的文章。

这几篇文章的贡献就在于他开创了中国海岸工程应用地貌研究的先河，且在其以后的岁月中使海岸地貌研究的工程应用范围不断扩大，不仅有港口工程，而且护岸工程、热电、核电、风电工程等都有海岸地貌研究者参与其中。

（2）海岸农业地貌学的研究

农业地貌学是我国20世纪50年代中期至60年代中期的地貌学的一个重要研究方向，这从1961年召开的地貌学术讨论会的农业地貌学的论文数量及其所占的比例就足以说明这一问题。当年这次会议共收到论文74篇，而有关农业地貌学的论文就有20篇，占论文总数的27%，可见对农业地貌学的重视程度。在这次会上，恽才兴（1962）发表了《以护岸围垦为例探讨河口海岸地貌学为农业服务的问题》一文。该文讨论了与农业有关的丁坝与海塘、土地围垦、挡潮闸下淤积等问题。该文讨论的虽然属于工程问题，但在一定程度上与农业有关，涉及滩涂围垦如何运用海岸地貌知识达最佳效果等。以后，1964年任美锷发表了《珠江河口动力地貌特征及海滩利用的问题》，1965年，中国科学院广州地理研究所发表了《珠江三角洲地貌条件的农业评价》，以及罗玉堂等的《辽河三角洲平原地貌的特征和发育过程及其对农业的意义》、黄春海的《黄河三角洲地貌与农业关系》等多篇农业地貌论文，这些论文对我国沿海省、市、区的农业规划与区划做出了贡献。

（3）海岸砂矿地貌学的研究

滨海砂矿一般富集海岸堆积地貌的动力比较活跃部位，而滨海砂矿的某些矿种，如独居石、锆英石、钛铁矿及金刚石、金矿等都是非常重要的矿产，即使是石英砂也是越来越珍贵。因此，在海岸砂质堆积地貌体中寻找这些矿物的富集区便成为找矿工作者的重要任务。我国在20世纪60年代初期，由于急需某些矿种，于是在全国砂矿远景区开展了砂矿勘查活动。相应此活动也出现了有关的研究论文，其中主要有陈洪禄1961年发表的《对海滨砂矿富集规律的几点认识》和成国栋1962年发表的《粤西海滨砂矿的分布规律》二文。前文主要讨论两个问题，其一是论述了滨海砂矿形成和富集的因素，其影响因素有岩石类型、气候、新构造运动、动力条件及地貌部位。作者特别强调了“砂矿富集的地方是动力作用的集中点”“最大最富集的砂矿床往往产于海滨地带内小海湾的沙堤中”，其次则为岸边沙堤、连岛沙堤、离岸沙堤、湾内沙堤，沙滩上有时砂矿也很富集。二是论述了砂矿富集区在空间上的分布规律。主要讨论砂矿在平面上、剖面上、河口、不同地貌过渡带及不同砂堤及其他松散沉积物堆积体内的分布规律。成文将粤西滨海砂矿成因分为三类，即沙堤相砂矿、沙（海）滩相砂矿、潟湖相砂矿。其中以砂堤相砂矿价值最大。这两篇文章的发表对砂矿的找矿工作具有指导意义。

三、十年动乱，中国海岸带地貌研究停顿期（1966—1976 年）

（一）背景

1966 年，“文化大革命”开始了我国长达十年的动乱时期，这次运动使文化、教育、科研都受到严重冲击。在这期间大多数科研刊物停刊，从 1967 年到 1976 年几乎没有科研刊物出版，当然就少见科学论文正式发表。我国科研工作几乎处于停顿状态，我国的国民经济也迅速滑坡。

到了 20 世纪 70 年代，由于我国和美国建立外交关系，我国外交活动很快展开，外贸也得以迅速发展，但港口建设严重滞后，影响了内外贸易。1973 年中央决心改变这一落后局面，在该年 2 月 17 日周恩来总理指示：“要用三年时间基本解决港口问题”。随后建立了建港领导小组，于是中国进入了大规模的海港建设时期。

（二）调查成就

1975 年 1 月 13 日至 17 日，第四届全国人民代表大会第一次会议在北京举行，在会上周恩来总理抱病做了《政府工作报告》。在报告中重新明确了 1964 年 12 月三届全国人大一次会议提出的全面实现农业、工业、国防和科学技术“四个现代化”的宏伟目标，并规划我国国民经济发展分两步走的蓝图，同时确定由邓小平代替周总理主持国务院工作。之后邓小平就开始了整顿工作。

1. 1966—1976 年的海岸带调查

1966—1976 年是我国的十年动乱时期，在这期间，大多数单位基本停止了大型的调查研究工作。在此期间，由于台海局势紧张，急需加强国防前线的建设。这时刚成立不久的国家海洋局的调查研究单位开展了我国部分重要地区（辽宁、山东、江苏、浙江、福建等省）的海岸带调查工作。调查的项目有气象、海洋水文、陆域地质、海岸地貌、沉积物，工程地质（主要为抗压强度和下陷深度）。其调查结果全部表现在一幅图上。成图比例尺分别为 1∶10 000、1∶25 000 和 1∶50 000，可见该图内容非常丰富详细，图的荷载非常大，该成果没有文字报告，仅有一简要说明。该图为我国海防建设发挥了重要作用。

2. 为我国港口建设而进行的个别岸段的海岸带调查

随着我国社会主义建设的发展和内外贸易的需求的增长，我国港口远不能满足需要。改造扩建旧港、建设新港就提到日程上来，特别1973年周恩来总理提出“三年改变港口面貌”之后，虽在“文化大革命”时期，仍进行了一些港口建设工作，与港口建设密切相关的动力地貌的调查研究工作也逐渐开展起来。

在这期间首先开展的一项工作便是1959年开始的“渤海湾动力地貌与塘沽新港泥沙洄淤调查”。开展这项工作有两个背景：第一，塘沽新港日益繁忙，不断扩大规模，但泥沙洄淤严重，亟待解决；第二，1958年和1959年先后请苏联专家来华讲学，传播了苏联的海岸地貌学的科学理念和调查研究方法。在此基础上交通部组织了塘沽洄淤研究站、中国科学院海洋所、中国科学院地理所、南京大学、北京大学、华东师范大学、北京师范大学等16所院校与科研单位共169人联合进行为解决塘沽新港洄淤问题的渤海湾动力地貌调查。其调查范围北起滦河口，南迄现代黄河三角洲北缘，调查项目齐全，陆上近岸带地貌、第四纪地质、潮滩断面测量、海流、波浪、潮位、温度、盐度、含沙量、泥沙、沉积、柱状样，另外还进行了两次航空测量，并完成调查报告。

通过这次多单位大协作进行的综合海岸动力地貌调查，为我国以后的海岸动力地貌的调查研究打下了基础，其影响深远。

在“渤海湾动力地貌与塘沽新港泥沙洄淤调查”之后，我国许多科研和院校开展了为工程服务的港口海岸动力地貌的调查研究工作，其中主要有：

南京大学1964年进行秦皇岛市、北海市，1965年山海关长山寺，1966年三亚港，1973年黄岛油港前礁浅滩、汕头港，1974年的龙口港石油基地等地的海岸动力地貌调查。在此及其以后的调查研究基础上先后出版了《秦皇岛海岸研究》（1988）、《海南潮汐汉道港湾海岸》（1998）等著作。

中山大学1968年开展了汕头港，1974年北海港，1976年洋浦港的动力地貌及泥沙洄淤研究。连同以后的其他研究结集出版了《海岸动力地貌学研究及其在华南港口建设中的应用》（1995）一书。

中国科学院海洋研究所1972年进行了白沙滩潮汐电站场址调查，1978年防城港海岸泥沙调查等。

中国科学院南海海洋所也进行了多个港口的动力地貌的调查研究。如黄埔港、汕头港、湛江港、洋浦港、新村港、牙龙湾、琛航岛港址等，1978年集结为《华南港口工程水文和泥沙洄淤研究》向全国科学大会申报奖励。

在此期间国家海洋局第一、第二、第三海洋研究所及环保所也在这方面做了大量工作，为国民经济和国防建设做出了应有的贡献。

第五节 中国海岸带地貌科学调查研究的发展期

一、背景

“文化大革命”结束之后，经过两年的思考、总结和努力，于1978年底召开了党的十一届三中全会，从而开始从根本上纠正指导思想上的“左”倾错误，实现了中华人民共和国成立以来的党和国家历史上的具有深远意义的伟大转折。思想上的解放必然迎来经济建设的新高潮。为了迎来经济建设的新高潮，必须要调动广大知识分子的积极性。于是党中央和国务院于1978年3月在北京召开了全国科学大会。邓小平在大会开幕式上说：“四个现代化，关键是科学技术现代化。没有现代科学技术，就不可能建设现代农业、现代工业、现代国防。”他重申要“正确认识科学技术是生产力，正确认识为社会主义服务的脑力劳动者是劳动人民的一部分”。邓小平的这一论述极大地鼓舞了我国广大的知识分子。正如中国科学院院长郭沫若在闭幕式的书面发言所说的，“现在，我们可以扬眉吐气地说，反动派摧残科学事业的那种情景，确实是一去不复返了，科学的春天到来了”。

自1978年我国实行改革开放政策和全国科学大会之后，我国政府及有关部门为了我国海岸的调查研究做了大量的政策和组织工作。

（一）1978年制定了《全国自然科学发展规划》

该规划中共提出了108项研究任务，其中：第1项“农业自然综合考察”中有沿海滩涂资源综合考察的子项目；第24项“深入调查中国海自然条件和资源”中有海岸带调查研究的子项目。国家科委、原国家农委、总参谋部、国家海洋局、原国家水产总局并报国务院批准，将两个子项目合并成为“全国海岸带和海涂资源综合调查”一个任务。1979年8月，国务院以国科［79］2字465号文件批准，并要求沿海省、自治区、直辖市分段负责开展调查工作。

（二）国务院成立海洋资源研究开发保护领导小组

1980年10月7日、国务院决定成立“海洋资源研究开发保护领导小组”（简称“国务院海洋领导小组”）。建立领导小组的起因是：改革开放以来，我国的海洋开发活动迅速兴起，海洋产业发展很快。尤其是从1980年开始的全国海岸带和海涂资源综合调查的展开，在全国沿海地方掀起了海洋开发利用的高潮。为了加强对海洋开发利用的领导工作，特别是协调不同行业之间的矛盾，做到科学、合理、有序地开发海洋资源，促进海洋经济的快速发展，成立了该领导小组，该小组一直工作到1988年11月18日。

（三）沿海省市建立海洋管理机构

到了20世纪80年代中期，随着我国海岸带和海涂资源综合调查及海岛资源综合调查和开发试验的开展和逐步完成，沿海各级地方政府开发利用海洋资源的意识极大地提高，海洋开发利用活动步入了高潮，并取得了较好的经济效益。因开展海岸带和海岛调查任务而成立的沿海省（市、区）领导小组及办公室不但继续存在，而且逐渐转变成为地方政府组织、协调和管理海洋工作的事业部门。

同时，1982年《联合国海洋法公约》的签署，大陆架和200海里专属经济区制度的实施，使全球掀起了新一轮的“蓝色圈地运动”，于是海洋权益的管理成为国家发展战略的重要组成部分。

根据上述实际需求，国家海洋局于1988年11月报告国务院机构改革办公室，建议沿省、市建立海洋管理机构。到1991年底全国沿海省（区、市）和计划单列市的海洋局（处）都被所在地方政府授权而成立。

（四）全国海洋工作会议和《九十年代我国海洋政策和工作纲要》

中华人民共和国成立以来，特别是1978年改革开放以来，通过全国大规模的海岸带和海涂资源综合调查、海岛资源综合调查与开发试验，沿海广大群众和各级领导对海洋的价值和工作认识有了重大变化。开发海洋资源、发展海洋经济已成为各级领导的共识，沿海各省、市、自治区，人民政府乃至国务院，陆续把海洋工作列入各自工作日程和国民经济与社会发展规划，并提出了相应的海洋开发构想：辽宁省提出了建设“海上辽宁”、山东省大兴“耕海牧渔”、广西壮族自治区制定了“蓝色计划”、江苏“向海涂要宝”、福建大念“山海经”……总之，一场前所未有的开发利用海洋活动在沿海地区广泛开展起来了。

同时，在国际上也因1982年《联合国海洋法公约》的签署，极大地刺激了世界各沿海国家对海洋的关注，越来越多的国家把目光转向海洋，有的国家将开发利用海洋列为自己国家的发展国策。海洋已成为大规模的开发领域，全世界争夺海洋权益的斗争也日益激烈。

在国内外的这种形势之下，经国务院批准，于1991年1月8日至11日，在北京召开了首次全国海洋工作会议。国务院有关部委局和沿海省、自治区、直辖市、计划单列市的领导和专家出席了会议。会议讨论通过了《九十年代我国海洋政策和工作纲要》。

在纲要中提出了我国海洋工作的基本指导思想：“以开发海洋资源、发展经济为中心，围绕权益、资源、环境和减灾”四个方面开展工作，保证海洋事业持续、稳定、协调发展，为繁荣沿海经济和整个国民经济，实现我国第二步战略目标做出贡献。为此，纲要提出了10个方面41条宏观指导意见：

①统筹规划，合理利用海岸带资源；

②因岛制宜，分期分类开发建设海岛；

③调动各方面的积极性，抓好渤海、台湾海峡和重要海湾、河口的综合开发整治；

④深化大陆架、专属经济区的基础工作，加强开发和管理；

⑤继续开展大洋资源调查、开发研究以及南极科学考察；

⑥发展海水综合利用技术，综合利用海水资源；

⑦加强海洋监测和防灾减灾系统建设，减轻海洋灾害；

⑧强化海洋环境执法工作，保护海洋环境；

⑨发展海洋科技和教育事业，提高研究、开发和保护海洋能力；

⑩健全海洋法制，加强海洋综合管理。

（五）《海洋技术政策要点》

1993年2月18日，国家科委、国家计委、国家海洋局、国务院经济贸易办公室联合发布了《海洋技术政策要点》。其具体内容包括九个方面：

①采用新技术开展海洋测绘和综合调查；

②完善海洋监测和公益服务系统；

③保护海洋生态环境；

④发展海洋工程技术，提高海洋开发装备水平；

⑤完善海洋通信和导航定位系统；

⑥合理利用海岸和海湾，加速港口和海上高效运输通道建设；

⑦大力开发利用海洋生物资源；

⑧加强海洋油气资源和勘探开发，重视开发海洋能和矿产资源；

⑨积极发展海水资源开发利用技术。

《海洋技术政策要点》的制定与颁布，为中国海洋事业的发展提供了科学依据，并有力地促进了沿海地区依靠科技进步来加强经济和社会的快速发展。

（六）“科技兴海”行动计划

为了提高在海洋资源开发利用活动中的科技含量，促使海洋产业上规模、上效益，提高海洋经济发展的质量，从1994年起，国家科委和国家海洋局决定共同组织“科技兴海”活动，并成立了“科技兴海”办公室。

“科技兴海”是一项依靠科技进步，推动海洋开发、利用、保护和发展海洋经济的集科研、生产、管理于一体的综合性系统工程。其基本内容有以下四个方面：

①政府推动，制定优惠政策。

②科学规划，明确目标。为此，国家科委和国家海洋局组织制定了《“九五”和2010年全国科技兴海规划纲要》。1996年到2000年为起步阶段，以滩涂、浅海和海岛的开发为主，选择海洋农牧化、海洋生物资源加工及海洋药物、海洋化学资源的利用，海水直接利用和海水淡化为重点领域，开发10大系列海洋新产品，推广10项重点技术，开发10类应用技术，建立10类“科技兴海”示范区，扶植10个大型的海洋产业集团。到2000年，使科技成果转化率达到30%；科技进步对海洋产业产值增长的作用达到45%；海洋产业增加值对国民经济贡献率达到3.5%~5.0%。到2010年，科技进步因素的作用达到5%以上，海洋产业增加值对国民经济的贡献率达到10%。

③市场引导产、学、研结合。

④多渠道投入，重点扶持。

（七）《全国海洋开发规划》

1995年5月，经国务院批准，由国家计委、国家科委、国家海洋局联合行文转发了经由国家海洋局、国家计委、国家科委组织的，国务院18个部、委、局及中国科学院、海军司令部和12个沿海省（区、市）参加组成的《全国海洋开发规划》领导小组领导下编制完成的《全国海洋开发规划》。

编制《全国海洋开发规划》的目的，就是要根据国民经济发展的需要，结合海洋的实际情况，寻求人口、资源、环境之间以及经济、社会、生态之间的最佳协调发展；优化和选择与生产条件、社会需求相应的产业结构与布局；制定出海洋开发总体布局的科学方案，从而统筹安排海洋资源的开发利用和保护，协调和解决海洋开发中的矛盾和问题，以宏观指导和调控全国海洋开发活动，加速海洋开发进程，为实现国民经济建设的战略目标做出贡献。

《全国海洋开发规划》共有七个部分：

①海洋资源和开发条件。

②海洋开发战略。提出了海陆一体化开发、提高海洋开发综合效益、科技兴海、开发与保护协调发展的原则。

③海洋产业结构调整和布局。

④海洋区域开发布局，分海岸带与滩涂开发、海岛开发、近海开发、大洋开发和极地考察四个区域；重点分为：环渤海区、长江口-杭州湾区、闽东南沿海区、珠江口区、北部湾五个区；特殊区有：图们江、南沙群岛及其邻近海域，连云港区四个区。

⑤海洋国土整治和环境保护。提出了渔场整治、海洋污染防治、河口整治、海岸防护、海岸带地下水资源保护、沿海防护林建设和海洋自然保护区建设七条措施。

⑥海洋服务体系建设提出了“海洋环境监测、监视系统”等六个系统建设项目。

⑦政策与措施。

（八）《中国海洋21世纪议程》

1996年4月，在国家科委、国家计委和“中国21世纪议程”管理中心指导下，由国家海洋局组织编制的《中国海洋21世纪议程》正式发布。

《中国海洋21世纪议程》提出的21世纪中国海洋工作的指导思想是海洋的可持续利用和海洋事业的协调发展；基本战略原则是以发展海洋经济为中心，适度快速开发、海陆一体化开发，科教兴海和协调发展；其目的是通过实现对海洋的可持续开发利用，建立起良性循环的海洋生态系统，形成科学合理的海洋开发体系，达到促进海洋经济的持续发展。

具体有三个目标：

①防止海洋环境退化，恢复和提高海洋环境质量。

②建设良性循环的海洋生态系，有效保护重要的生态系统，珍稀物种和海洋生物多样性；加强自然保护区建设；逐步形成符合可持续利用原则的生物利用方式；恢复沿海和近海的渔业资源、培养优良养殖品种，为海洋农牧化的大规模发展创造条件。

③使海洋产业结构不断优化，海洋产业群不断扩大和增值。

（九）海洋应用基础研究计划

1997年6月4日，原国家科技领导小组第三次会议决定要制定和实施《国家重点基础研究发展规划》，加强国家战略目标导向的基础研究工作，随后由科技部组织实施了国家重点基础研究发展计划，即“973计划”。

《国家重点基础研究发展规划》贯彻“统观全局，突出重点，有所为，有所不为”的原则和“大集中、小自由”的精神，在现有基础研究工作部署的基础上，鼓励优秀科学家围绕国家战略目标，对经济、社会发展有重大影响，能在世界占有一席之地的重点领域，瞄准科学前沿和重大科学问题，与国家自然科学基金、其他科技计划和相关的基础研究工作互相联系，互为补充，注意分工和衔接；体现国家目标，为解决21世纪我国经济和社会发展中重大问题提供有力的科学支撑。

制定和实施“973计划”是党中央、国务院为实施“科教兴国”和“可持续发展战略”，加强基础研究和科技工作做出的重要决策；实现2010年以至21世纪中叶我国经济、科技和社会发展的宏伟目标，提高科技持续创新能力，迎接新世纪挑战的重要举措。

“973计划”自1997年国家批准设立并实施以来，针对国民经济、社会发展和科技自身发展的重大基础科学问题，提供了大量解决问题的理论依据和重要的科学基础；培养和造就了一批适应新时期发展需要的高科学素质、创新型优秀人才，取得了辉煌的成就。

“973计划”实施10年来，国家共投入经费82亿元，立项382个项目，其中15个项目涉及海洋领域，约占立项总数的4%，总批复经费为4.44亿元，约占已投入“973”专项总经费的5.4%。

“973计划”中的涉海科研项目以满足国家防灾减灾、海洋环境、海洋资源、海防安全等方面的需求为基本点，涵盖了物理海洋、海洋生物、海洋化学、海洋地质学等重点学科。

这些科研项目的实施大大促进了国家海洋事业的发展，振奋了我国海洋界的创新精神，激发了海洋科技工作者主动服务于国家目标的意识，促进了我国海洋基础研究与国家目标的结合，凝聚和培养了一批优秀的海洋科技人才，为领军人才的成长搭建了舞台。

（十）《中国海洋事业的发展》白皮书

1998年5月28日，国务院新闻办公室发表了《中国海洋事业的发展》白皮书，这是我国政府首次发表关于海洋方面的白皮书。《中国海洋事业的发展》作为我国政府重要文件对外发表，体现了我国政府重视和加强海洋事业的意志，以及遵守和维护《联合国海洋法公约》的决心。我国将积极参与联合国系统的海洋事务，推进国家间和地区性海洋领域的合作，并认真履行自己承担的义务，为全球海洋开发和保护做出积极贡献。

《中国海洋事业的发展》白皮书共分六部分：

一是海洋可持续发展战略，即《中国海洋21世纪议程》中提出的基本思路：有效维护国家海洋权益，合理开发利用海洋资源，切实保护海洋生态环境，实现海洋资源、环境的可持续利用和海洋事业的协调发展。中国在海洋事业发展中遵循以下基本政策和原则：

——维护国际海洋新秩序和国家海洋权益；

——统筹规划海洋的开发和整治；

——合理利用海洋资源，促进海洋产业协调发展；

——海洋资源开发和海洋环境保护同步规划，同步实施；

——加强海洋科学技术研究与开发；

——建立海洋综合管理制度；

——积极参与海洋领域的国际合作。

二是合理开发利用海洋资源。依据海洋资源的承载能力，中国采取综合开发利用海洋资源的政策，以促进海洋产业的协调发展。

三是保护和保全海洋环境。中国十分重视海洋环境保护工作，逐步建立了海洋环境保护机构和海洋环境保护法律体系。

四是发展海洋科学技术和教育。

五是实施海洋综合管理。

六是海洋事务的国际合作。

我国的海洋事业，包括我国海岸带科学的调查研究工作，在我国改革开放以后，伴随着人们的思想解放，社会进步和经济发展，在国家一系列关于海洋事业方针政策的指引下，得到了全面地、快速地发展，我国的海岸工作不仅进行了多次全国规模的调查，而且还进行了多次国际合作研究，研究内容和深度有极大地开拓和提高，从而取得了丰富的研究成果。

二、调查研究成就

（一）全国海岸带和海涂资源综合调查

1. 项目背景

如前所述，1978 年《全国自然科学发展规划》共提出了 108 项研究任务，其中：第 1 项“农业自然综合考察”中有沿海滩涂资源综合考察的子项目；第 24 项“深入调查中国海自然条件和资源”中有海岸带调查研究的子项目。国家科委、原国家农委、总参谋部、国家海洋局、原国家水产总局并报国务院批准，将两个子项目合并成为“全国海岸带和海涂资源综合调查”一个任务。1979 年 8 月，国务院以国科（79）2 字 465 号文件批转，并要求各沿海省、自治区、直辖市分段负责开展调查工作。同年，在浙江省温州地区进行了海岸带和海涂资源综合调查的试点工作。1980 年江苏省率先开始海岸带和海涂资源综合调查工作，其他省、自治区、直辖市也相继开展了这项工作。

为了组织协调全国海岸带和海涂资源综合调查，1980 年 2 月成立了全国海岸带和海涂资源综合调查领导小组，由中央 15 个部、委、局以及沿海 15 个省（区、市）有关负责同志组成。在国家海洋局设立了全国海岸带和海涂资源综合调查办公室，负责处理调查工作中的日常事务。领导小组聘请了 15 位专家组成技术指导组，负责调查研究工作的技术指导、成果审定等工作，以确保调查研究成果的质量。1982 年 4 月，技术指导组审查并通过了《全国海岸带和海涂资源综合调查简明规程》，成立了水文气象、地质地貌、海洋环境保护、海洋生物、土壤和土地利用、制图 8 个专业技术指导小组，进一步加强了各专业调查的技术指导。各省成立了相关管理机构和技术指导组。

2. 调查目的、范围和内容

（1）调查目的

全国海岸带和海涂资源综合调查是国家“六五”科技攻关项目之一，其目的在于系统掌握海岸带和海涂的自然环境和社会经济状况等基本资料，初步查清海岸带和海涂资源的数量和质量，研究海岸带开发利用的优势、潜力和制约因素，以便找出合理的开发途径，提出开发利用的设想，并为海岸带的发展规划、工农业生产、国防建设、环境保护、国土整治和海岸带管理提供科学依据。

（2）调查范围

陆域：一般自海岸线向陆延伸10千米左右，各省（区、市）根据海岸的实际情况可适当延伸。

海域：一般自海岸线向海扩展至10~15米等深线，水深岸陡的岸段，调查宽度不得小于5海里。

河口地区：向陆到潮区界，向海至淡水舌锋缘。某些河流的潮区界距海岸线过远，则根据最大混浊带或河口形态等因素，确定其上界。

社会经济调查：以沿海省（区、市）行政区域为界。

（3）调查内容

必须完成的调查内容包括：气候、水文（含海洋水文和陆地水文）、海水化学、地质、地貌、土壤、植被、林业、生物（含浮游生物、底栖生物、游泳生物和微生物）、环境、土地利用、社会经济（含人口、城镇、工业、农业、交通、旅游、资源开发现状）等项专业调查；在各项调查的基础上，进行资源综合评价和提出开发利用设想。各省（区、市）在完成基本内容的前提下，可根据需要增加一些调查内容。

海上调查和潮间带调查一般采取断面和大面站观测；陆上调查一般采用点面结合、路线调查。在一些地区应用了航空遥感技术，并进行了综合开发试验，体现调查为国民经济建设服务的方针。

3. 工作量和成果

（1）完成工作量

全国海岸带和海涂资源综合调查工作从1980年开始，到1986年完成全部外业，1987年完成全部内业并通过省级和国家级验收。参加调查的有各个部、委、局和沿海10个省（区、市）的502个单位的科技人员共19 000人次。完成调查面积约35×10^4平方千米（包括陆域、海域和社会经济调查范围）。海域调查中共设置各类观测断面9 600条，观测站90 000余个。

（2）主要成果

全国海岸带和海涂资源综合调查，基本查清了北起鸭绿江口、南至北仑河口的海岸带区域自然环境、资源状况及社会经济状况。

①获得各种观测数据5 788万个，采集生物、地质样品460万个。

②编制了系列报告，共144册，具体有：a. 沿海10个省（区、市）海岸带和海涂资源综合调查报告；b. 10个省（区、市）海岸带和海涂资源综合调查专业报告各12册；c. 全国海岸带和海涂资源综合调查报告；d. 全国海岸带和海涂资源综合调查专业报告13册。

③绘制了系列图集：a. 10 个省（区、市）海岸带和海涂资源综合调查图集；b. 10 个省（区、市）海岸带和海涂资源综合调查专业图册；c. 全国海岸带和海涂资源综合调查资源分布、资源开发现状和开发设想图共 12 幅。

④资料汇编：10 个省（区、市）海岸带和海涂资源综合调查资料汇编共 3 956 册，约 3. 66 亿字符。

⑤档案：10 个省（区、市）海岸带和海涂资源综合调查档案。

辽宁、江苏、山东、广东等省，在综合调查的基础上，进行海岸带综合开发利用试点，全国共建立了 42 个开发试验点。

全国海岸带和海涂资源综合调查成果为中国海岸带科学研究、开发、保护和管理提供了基础资料和科学依据，被评为国家科技进步一等奖。

（二）全国海岛资源综合调查

经国务院批准，1988—1995 年进行了全国海岛资源综合调查与开发试验。该调查为国家重点项目，是我国首次对海岛进行全国性的、大规模的资源综合调查，基本任务是为海岛及其周围海域的研究、开发、保护、管理和维护海洋权益收集最新基础资料。具体目标是查清海岛的数量、面积、地理位置，获取和掌握海岛自然环境和资源状况以及乡级以上海岛的社会经济条件，提出海岛综合开发、保护的设想。

调查对象是高潮时露出海面的面积不小于 500 平方米岛屿的陆域和周围 20 米或 30 米等深线以内的海域，以及面积小于 500 平方米但有特殊意义的少数岛屿，重点是乡级以上的岛屿。台湾省和港澳地区的海岛暂缓调查。

调查的基本内容包括海岛的陆域、滩涂、海域 3 个区域的 13 个专业共 200 多个基本要素的观测、取样。调查按不同要求分综合调查（详查）、专项调查和概查。

综合调查只在乡级以上岛屿进行，有必测项目和选测项目。必测项目包括气候（气象基本要素、灾害性天气）、海洋水文（潮汐、海浪、海流、悬沙、水温、盐度、水色、透明度）、海水化学（溶解氧、pH 值、活性硅酸盐、活性磷酸盐、活性硝酸盐、亚硝酸盐、总碱度）、地质（区域地质、水文地质、工程地质、矿产）、地貌（地貌、第四纪地质、底质）、土壤（盐分、机械组成、有机质、全氮、全磷、全钾、pH 值、微量元素、代换性能）、植被（植物群落、植被类型）、林业（森林、植被、森林土地类型、树种）、生物（叶绿素 a、初级生产力、浮游、底栖、潮间带生物、微生物）、环境质量（人群健康、污染源、土壤污染、地面水污染、潮间带污染、浅海污染）、土地利用（土地利用类型）、社会经济（人口、工农业、产业结构、城镇布局、基础设施、文教卫生、劳动力等）、测量（海岛量算）等。选测项目由沿海省（区、市）和计划单列市自行选定。

专项调查只在有特殊意义或近期有开发利用价值的海岛进行，由沿海各省、市、自治区根据需要选部分项目进行目标性调查。

概查项目包括非综合调查和非专项调查海岛的位置、面积、物质组成、植被、人口等。

岛陆调查以收集资料为主，结合野外勘察和进行补充调查；海域和潮间带调查以现场调查为主，按要求设置不同的测站，进行巡航或定点观测。大面（巡航）观测选在春、夏、秋、冬季的代表月（2月、5月、8月和11月）内各进行一次，采用准同步观测方法进行；周日连续（定点）观测在能满足良好天文条件的日期或大潮期间进行。

全国海岛资源综合调查与开发试验由国家海洋局、国家科委、国家计委、农牧渔业部等5部委局和沿海11个省（区、市）统一组织和协调，于1988年1月开始实施。1988年12月1日，成立了全国海岛资源综合调查领导小组，由国家科委、国家计委、国家海洋局、农牧渔业部和解放军总参谋部以及沿海省、市、自治区的负责同志组成。领导小组办公室设在国家海洋局，承办日常工作。领导小组聘请了30位专家组成“全国海岛资源综合调查技术组”，负责制定调查技术规程和进行技术咨询。

1989年，全国海岛资源综合调查全面启动。在统一协调、统一部署、统一计划的原则下，调查工作分别由沿海11个省（区、市）和3个计划单列市（宁波、厦门和青岛）分地区组织实施。1992年底，全国海岛资源综合调查外业工作全部结束。1994年底，11个省（区、市）和3个计划单列市的内业整理结束，调查成果全部通过省级审查验收。1995年，进行全国调查成果汇总。海岛调查采用了国内外先进的测量仪器和设备，应用了卫星遥感、航空遥感等测量技术手段，大大提高了调查资料的精确度和数据量。

参加全国海岛资源综合调查工作的共有100多个单位的13 400余人（科技人员6 700余人），共完成海上和陆上观测断（剖）面3 545条，观测站（点）45 677个，航（测）程686 600千米，调查面积约20×10^4平方千米；获得各类原始数据1 841万个，各种标本88万个；基本查清了我国海岛的数量以及岛屿面积、位置、岸线长度、岛区海洋环境和气候状况，全面掌握了乡级以上岛屿的陆域环境、资源和社会经济状况，建立6个国家级开发试验区和一批省（市、区）级开发试验区，编写出版各种调查报告、专业报告约5 400万字，资料汇编2 500余册、档案超过10 000卷；建立了数据库、档案库等，为海岛及其周围海域的全面开发利用、保护管理和维护海洋权益提供了科学依据。

1990年开始，在沿海地区组织实施了一批开发试点项目。如：辽宁省长海县的海洋牧场建设“1646”工程；青岛市田横岛以旅游、海水养殖和加工工业为主的综合开发；广东省建立南澳岛、横琴岛、东海岛3个经济技术开发试验区及上川岛、下川岛和海陵岛2个旅游经济开发试验区。1993年，全国海岛调查领导小组确定设立辽宁长海、山东长岛、浙江六横岛、福建海坛岛、广东南澳岛和广西涠洲岛6个国家级海岛资源综合开发试验区。

（三）中国海湾调查研究

1. 项目背景

20 世纪 80 年代之前，我国的海湾调查研究进展较慢，多数港湾调查项目不够齐全，观测资料的周期较短，且以小湾居多。

随着海洋运输事业迅速发展，海港建设进入了新的时期，普遍要求改造和扩建旧港、开辟新港，增加深水泊位。港口建设的需要加快了海湾调查的进程。

在港口建设过程中，我国众多的研究单位、高校参加过工作，其中主要有南京大学、中山大学、华东师范大学、中国科学院海洋研究所、中国科学院南海海洋研究所、国家海洋局有关研究所都进行了有关海湾港口的调查研究，从而对我国的海湾有了初步的了解。其中国家海洋局第一海洋研究所对胶州湾、龙口港的调查研究是其中的重要组成之一。

1980 年起，国家海洋局第一海洋研究所在胶州湾进行了约 4 年的海洋综合调查，为青岛港开辟新港区、建造深水码头提供了波浪、潮汐、海流、气象、底质、泥沙回淤、沉积物厚度、基岩埋深等大量海洋环境资料，其系统性、准确性都较以前有很大的提高，保证了港口工程设计的需要，同时讨论了胶州湾的胶州湾波浪、海流、沉积、地貌及胶州湾的成因与演化等问题，最后出版了《胶州湾自然环境》一书。

1983 年至 1984 年，国家海洋局第一海洋研究所为扩建龙口港进行了为期两年的调查研究工作，该项工作的最终成果除提供了建港所需要的设计参数之外，还在对龙口湾的沉积，地貌以及龙口湾的形成、演化史方面进行了探讨，最终出版了《龙口湾自然环境》一书。

中山大学罗章仁等人通过对华南海湾的调查研究，形成了《华南港湾》一书，除了讨论了华南海湾的地质背景、自然条件外，还对 22 个海湾、港口进行分别论述其建港条件及问题所在。

上述的调查研究，无疑为中国海湾的调查研究起了先导作用。

2.《中国海湾志》的编纂

由于海湾资源丰富，区位优越，周边经济发达，海洋和海岸带开发往往集中在海湾之中。然而，1980 年开始的《全国海岸带和海涂资源综合调查》工作的重点是在面上，海湾的工作往往是很少，甚至是空白。而海岸带开发的重要场所往往又是海湾。这就是出现了海湾调查研究的急迫性。鉴于此，国家海洋局下达了编纂《中国海湾志》的任务。

在《中国海湾志》编纂任务下达之后，在国家海洋局直接领导下，由国家海洋局第一海洋研究所牵头，组成以陈则实为主编，有国家海洋局第一海洋研究所、第二海洋研究所、第三海洋研究所、环境保护研究所、北海分局、东海分局、南海分局，海南省海洋厅以及华东师范大学河口海岸研究所、广西海洋研究所参加的编纂委员会。编纂方法是在统一编写提纲和编写格式的要求下，以搜集以往的海湾调查成果为主，适当地对水文、地质、化学、生物和经济条件进行补测和调访，对海湾进行综合评价。

事实上，在编写过程中，除个别分册，如第十一分册，很少进行补测外，其他各分册，因多数海湾多数项目没有现成资料，需要进行补测，没有进行补测的海湾倒成了少数。海湾的补测成为编纂中的重要工作之一。因此，这次《中国海湾志》的编纂工作，是在广泛收集资料和大量补测调查基础上完成的。该项工作从下达任务的1986年起，到最后一个册出版的1999年止，共历时14个年头。

3. 项目成果

《中国海湾志》规划分14个分册出版。由于台湾分册因资料奇缺，暂未编写，实际上出版了13个分册，包括了我国大陆沿岸和海南的海湾、河口约150个，每个海湾河口的内容包括：海湾历史沿革、社会经济状况、气象、海洋水文、海湾周边地质地貌、海底沉积、海水化学、生物资源和自然环境及开发利用评价等。《中国海湾志》各分册名称如下：

第一分册：辽东半岛东部海湾，1991年出版；

第二分册：辽东半岛西部和辽宁省西部海湾，1997年出版；

第三分册：山东半岛北部和东部海湾，1991年出版；

第四分册：山东半岛南部和江苏省海湾，1993年出版；

第五分册：上海市和浙江省北部海湾，1992年出版；

第六分册：浙江省南部海湾，1993年出版；

第七分册：福建省北部海湾，1994年出版；

第八分册：福建省南部海湾，1993年出版；

第九分册：广东省东部海湾，1998年出版；

第十分册：广东省西部海湾，1999年出版；

第十一分册：海南省海湾，1999年出版；

第十二分册：广西海湾，1993年出版；

第十三分册：台湾省海湾，暂缺；

第十四分册：重要河口，1998年出版。

《中国海湾志》的编辑和出版，为其后的海湾开发、利用和评价提供了翔实的资料和依据，大大促进了我国海湾的开发和利用工作。

（四）主要河口及其附近海域综合调查

1. 中美长江口联合调查

1980 年 6 月至 1983 年 4 月，根据中国国家海洋局和美国国家海洋大气局签订的有关协议，中美海洋学家开展了长江口及邻近陆架海洋沉积作用过程的联合调查，其中心内容是底层海洋学与沉积动力学研究，具体内容包括：长江口入海物质（悬浮物和溶解物）的迁移、扩散和沉积作用过程；长江口水文、海流、潮流、海浪特征；长江口外水文特征及悬浮物、溶解物的生物、化学和物理过程；长江口外的淡水楔，淡水、海水的混合及其与沉积物沉积的关系；长江口外的沉积速率；长江口海底冲刷与沉积作用的方式和强度，作用于海底的动力条件和沉积物搬运的关系，生物和地球化学过程及其对沉积环境的影响等。

我国共有 8 个系统、16 个单位的 100 多名科学家参加了海上外业调查，美国有 15 个教学、科研单位的 30 多名科学家参加该项合作。中方主要参加单位有国家海洋局第二海洋研究所、中国科学院海洋研究所、华东师范大学，美方主要参加单位有伍兹霍尔海洋研究所、拉蒙特-多尔蒂地质所、美国国家海洋大气局下属单位等。调查船只共 7 艘，中方有“实践”号、“向阳红 9”号、“向阳红 7”号、“曙光 6”号、“曙光 7”号和地质矿产部的“奋斗 1”号，美方有“海洋学家”号。双方互派科学家到对方船上联合调查，互派科学家到对方实验室合作研究。

联合调查分两个阶段进行。其中，1980 年 6 月至 7 月为初步调查阶段，由 4 艘调查船完成。中心课题是研究长江入海水体、悬浮物、溶解物向海洋输送通量及其对邻近陆架的影响和东海陆架的沉积作用问题。“曙光 6”号完成了 1 个航次、41 个大面站和 6 个连续站的观测；“向阳红 9”号完成了 1 个航次、25 个站次的生物分层定量采集和 X 光拍摄；“海洋学家”号完成了 3 个航次、56 个大面站和 4 个连续站的观测；“奋斗 1”号进行了地球物理调查。

1981 年为主要调查阶段，分 3 个航次进行：1981 年 7 月为丰水期调查航次；1981 年 9 月为地球物理调查航次；1981 年 11 月为枯水期调查航次，共航行了 5 630 千米。其中，“向阳红 7”号完成了测深和旁侧声呐探测 948 千米，浅地层探测 8 051 千米，电火花探测 330 千米；“曙光 7”号完成了 14 个大面站和 4 个连续站的观测，取水样 259 个，地质样品 18 个，悬浮体样品 198 个，并进行盐度、pH 值、溶解氧等项目的分析；“实践”号完成了 52 个站的温盐深（CTD）等项目观测，10 个站底质取样，52 个站悬浮体取样，获得了水样 156 个，并进行了沉积物和间隙水取样、底栖生物分层取样以及 X 光分析和细菌测定等。

外业调查结束后，中方先后派出 23 名科技人员赴美进行合作研究并合作撰写论文。通过对 4 个航次调查资料的分析和总结，结合长江口及邻近陆架区的历史调查资料，我国科技人员撰写出70余篇研究论文。1983年4月，双方在杭州召开了学术讨论会，会上报告的论文共计92篇，我国科技人员单独完成或以我方为主完成的有37篇，论文集由双方共同出版。

2. 长江口及济州岛邻近海域综合调查

1981年6月至1982年4月，山东海洋学院“东方红”号调查船，开展了“长江口及济州岛邻近海域综合调查”。该调查为1980年教育部下达的重点任务，目的是逐步弄清中国海两支主要流系黑潮和长江冲淡水系的季节变化及其对济州岛南面近海渔场和我国气候的影响。调查海区范围为28°30′—35°00′N、122°30′—128°30′E，内容有水深、水温、海流、波浪、水色、透明度、云、能见度、天气现象、气压、气温、湿度、风速风向、盐度、溶解氧、pH值、总碱度、活性磷、活性硅、硝酸氮、亚硝酸氮、铵氮悬浮物、叶绿素*a*、浮游植物、浮游动物、附着生物，以及表层取样、拖网取样和柱状取样等。共进行了6个断面、41个大面站。调查采用大面观测为主，与周日连续观测相结合的方法。

调查按季度进行，共开展4个航次，历时107天，航程1万海里。其中，第一航次为1981年6月20日至7月5日、第二航次为1981年9月22日至10月17日、第三航次为1981年12月18日至1982年1月27日、第四航次为1982年3月23日至4月20日。调查获得了大量数据和样品，并进行资料处理、分析和研究。撰写的调查报告对某些海洋现象提出了新的见解，首次发现了某些沉积矿物和海洋生物资源种类。

3. 中法长江口及毗连水域污染物和营养盐生物地球化学合作研究

由中法两国海洋科学家发起，在联合国教科文组织政府间海洋学委员会的支持和中国国家海洋局、法国国家科研中心及法国对外关系部的共同主持下，中法两国于1986年至1988年期间，联合开展了“长江口及其毗连水域污染物和营养盐生物地球化学合作研究”项目。研究的内容包括多种化学物质（营养盐、微量和痕量元素、砷、稀碱、碱土、稀土和超铀元素、多种有机物、666、DUF、石油和多环芳烃、多氯联苯等）、介质（水体、悬浮颗粒物、沉积物、气溶胶、生物体等）以及界面反应。

1983年12月，中法两国海洋科学家在北京共同商定了该项合作，签署了会议纪要和合作研究方案。中方参加单位有国家海洋局第二海洋研究所、海洋环境保护研究所、北海分局和东海分局等。法方参加单位有法国科研中心及巴黎高等师范学校生物地球化学研究室、巴黎第六大学物理化学实验室、洛斯考夫海洋生物站、佩比尼昂海洋地球化学与沉积学实验室。外业调查始于1986年初，调查船为“向阳红9”号，进行了长江枯水期和丰水期两个航次，参加调查的科学家共60余人，其中法国科学家16人。

合作项目于1988年顺利结束，双方共撰写研究论文81篇。1988年3月21日至25日，在杭州召开了“长江口及其毗邻东海近岸水域生物地球化学研究”国际学术讨论会，论文集（英文版）已于1990年由海洋出版社出版并向国内外发行。

通过此项联合研究，基本掌握了长江口及其毗邻水域污染物及营养盐的迁移和转化规律，得出了长江口及其毗邻水域具有良好的自净能力等重要结论，了解了长江与东海相互作用的区域化学、生物和物理机制，确定了长江口溶解和颗粒物对近岸海区污染和生产力的影响程度。

（五）全国省县两级海域勘界

1. 背景

随着海洋经济的飞速发展，海域资源的开发备受沿海地区的关注。但长期以来，由于行政区域界线不清，以自然资源权属为主要原因的行政区域边界之争不断发生，因海域界线不明导致的涉界双方在争议区内进行掠夺性开发，严重损害了海洋资源和海洋环境，制约了海洋经济的健康发展。经国务院批准，从1989年起开展勘定省、县两级行政区域界线工作，首先在6条省级界线上进行勘界试点。在全国陆地行政区域界线勘定工作启动之初，国家海洋局即未雨绸缪，于1989年向国家海洋局第一海洋研究所下达了开展“我国沿海省际间滩涂及毗邻海域勘界与岛屿归属问题的调查研究”的任务。通过1989—1994年间的实地调研、资料收集，在综合研究基础上，编写了《我国沿海省际间及毗邻海域划界与岛屿归属问题调查研究报告》和《我国省际间岛屿归属、滩涂及毗邻海域使用争议资料汇编》，较全面地介绍了我国省际间滩涂及临近的浅海海域纠纷和有争议岛屿归属的现状，探索性地提出了一些解决划界及归属问题的工作基础、主要原则、方法与技术要求，为后来的海域勘界工作打下了基础。

在全国陆地勘界工作全面启动之初，于1996年4月非常及时地向国务院呈送了“关于开展省际间海域勘界研究工作的报告”；1996年8月，国务院下发《关于开展勘定省、县两级行政区域界线工作有关问题的通知》（国发［1996］32号）的文件中，将海域勘界作为全国勘界工作总体战略。1998年，国务院办公厅《关于印发国家海洋局职能配置内设机构和人员编制规定的通知》（国办发［1998］60号）中，赋予了国家海洋局“承担组织海域勘界”的职责。1998年起，国家海洋局着手全国海域勘界的准备工作，经过反复研究和征求有关部门、地方政府的意见，国家海洋局于1999年7月向国务院正式提出了《关于开展我国海域行政区域界线勘定工作的请示》；1999年11月，国务院领导对国土资源部《关于开展我国海域行政区域界线勘定工作的请示（国土资发［1999］213号）》和《关于补报开展海域勘界工作意见的函》做了批示，同意“在2000年开展海域勘界前期准备和试点工作，由国家海洋局具体负责，待这一阶段的工作结束后，适时提出全面勘界工作方案报国务院审批”。

2. 勘界调查范围与内容

为确保海域勘界的权威性，在借鉴国内外勘界工作经验的基础上，需要采用先进的技术与方法，在涉界区海域开展调查勘测工作，以获取准确、翔实、丰富的科学数据和资料，为海域行政区域界线的勘定，提供公正、合理、科学的依据。

我国省县两级海域勘界调查工作内容包括：岸滩调查、浅海调查、浅海底栖生物、涉界区社会经济状况调查等。其中：①岸滩调查内容有海岸线测量、岸滩地形测量、岸滩（河口）地貌调查、潮间带底质调查及海岸（河口）动态变化调查；②浅海调查内容包括海底地形测量、底质取样调查、海底地貌调查（侧扫声呐探测）；③底栖生物调查包括潮间带生物的种类组成、优势种、主要经济种、生物量、栖息密度和群落特征等，潮下带（浅海）大型底栖生物的种类组成、优势种、数量分布和群落特征、主要经济种类和资源量（现存量）。

海域勘界调查范围：以海岸界点为调查中间线，①海岸线修测调查为自调查中间线起始点，沿海岸线向两侧各延伸 50~100 千米；②陆域调查为自调查中间线起始点垂直于调查中间线向两侧各延伸 10 千米，由海岸线向陆域延伸 1 千米；③垂直于调查中间线向两侧各延伸 10 千米，渤海区为自 0 米等深线向海延伸 12 海里，其他海域自海岸线至领海外部界限（不含领海基线尚未确定的海域）。

我国在海域勘界工作之前，未曾专门开展海岸线修测调查。2000 年，我国省际间海域勘界试点将海岸线修测调查列为重要调查内容之一，主要调查内容为涉界省海岸分界点向两侧各延伸 100 千米的海岸线位置及岸滩冲淤动态。2002 年，国务院办公厅《关于开展勘定省县两级海域行政区域界线工作有关问题的通知》中明确指出，海岸线修测是全国省县两级海域勘界的基础性工作。

3. 任务的实施

根据国务院的批示精神，国家海洋局于 2000 年 4 月 18 日召开全国海域勘界试点工作会议，确定了辽冀、闽粤两条线作为省际间海域勘界的试点，分别由国家海洋局第一海洋研究所和第三海洋研究所承担海域勘界试点的技术工作，开展了海岸线修测、岸滩地形地貌勘测、近岸海域水深地形测量、底质取样调查、海洋生物调查和勘界背景材料调查等，编制了各种专题图件、勘界报告，拟制了划界草案。国家海洋局党组，于 2000 年 12 月审查通过了辽冀线海域划界草案、2001 年 3 月审查通过了闽粤线海域划界草案，并进入征求意见和协调阶段。2001 年 8 月中旬，辽冀线和闽粤线海域划界试点工作完成，辽宁、河北、福建、广东四省人民政府签订界线协议书。

2002 年 2 月，国务院办公厅下发了《国务院办公厅关于开展勘定省县两级海域行政区域界线工作有关问题的通知（国办发［2002］12 号）》文件，明确了省县两级海域勘界的范围、原则、任务、实施步骤、经费保障和组织领导等重要问题。2002 年 3 月，在北京召开了全国海域勘界部际间联席会议。

根据省、县两级海域勘界工作的性质和特点，沿海各省（区、市）参与全国海域工作，负责辖区内县级海域行政区域界线的勘定工作；国家负责省际间海域勘界工作。

2002 年 3 月，在北京召开了全国海域勘界工作会议，对开展全国省县两级海域勘界做了总体部署。

由于海域勘界工作政策性强，难度大，涉及学科多。为了稳妥、有序地完成此项任务，保证管理工作的有机统一，国家海洋局强化领导，建立了健全的海域勘界组织机构体系。在国家层面上，成立了由国家海洋局和国务院民政、公安、财政、国土、农业、档案等部门参加的海域勘界领导小组，并在海洋局设立海域勘界办公室。同时，各沿海省（区、市）均成立了相应的海域勘界领导小组，组建了海域勘界办公室，负责本省海域勘界管理工作。与之对应的是，各任务承担单位也都成立了专门的海域勘界管理机构，负责本单位所承担海域勘界任务的组织管理。从而形成了从国家到地方，再到任务承担单位的海域勘界组织管理体系，切实保证了海域勘界管理政令畅通、步调一致。

海域勘界的实测与调查，由海域勘界办公室统一组织有关单位和人员进行。在海域勘界实施前期，国家海洋局海域勘界办公室组织专家制定《海域勘界技术规程》《县际间海域勘界技术导则》和勘界工作管理办法、勘界档案管理办法等有关技术规范和管理文件，并在全国范围内进行技术与质量培训。各项工作有序开展。

2011 年 10 月 22 日，国务院正式批复了辽宁省和河北省间海域行政区域界线（国函［2011］126 号）、广西壮族自治区北海市铁山港区和合浦县间等 6 条县际间海域行政区域界线（国函［2011］124 号）。

2011 年 12 月 11 日，国务院正式批复了天津市和河北省间海域行政区域界线（国函［2011］151 号）、河北省和山东省间海域行政区域界线（国函［2011］152 号）、广东省和广西壮族自治区间海域行政区域界线（国函［2011］153 号）、广东省和海南省间海域行政区域界线（国函［2011］154 号）、福建省和广东省间海域行政区域界线（国函［2011］155 号）、辽宁省和山东省间海域行政区域界线（国函［2011］156 号）。

2012 年 1 月 20 日，国务院正式批复了浙江省 34 条县际间海域行政区域界线（国函［2012］9 号）、福建省 46 条县际间海域行政区域界线（国函［2012］10 号）、山东省 26 条县际间海域行政区域界线（国函［2012］11 号）、上海市 5 条县际间海域行政区域界线（国函［2012］12 号）、河北省 7 条县际间海域行政区域界线（国函［2012］13 号）、海南省 12 条县际间海域行政区域界线（国函［2012］14 号）。

（六）908 专项我国海岸带调查研究概况

1. 908 专项任务简况

(1) 专项任务提出

为全面贯彻党的十六大提出的“实施海洋开发”战略部署，实施《全国海洋经济发展规划纲要》，促进我国海洋经济持续快速发展，实现“全面建设小康社会，加快推进社会主义现代化目标”，国家海洋局针对我国近海海域综合调查程度和基本状况认识度比较低的情况，提出了开展“我国近海海洋综合调查与评价”工作的建议，经国家发改委、财政部和国土资源部会签后，上报国务院。2003 年 9 月国务院正式批准“我国近海海洋综合调查与评价”（简称 908 专项）立项。908 专项旨在摸清我国近海海洋环境资源的家底，了解我国近海海洋状况和变化趋势，突出发展海洋经济主题，立足于为国家决策服务、为经济建设服务、为海洋管理服务。

按照国务院批示精神，国家海洋局组织编制了《“我国近海海洋综合调查与评价”专项总体实施方案》（以下简称“总体实施方案”）和配套相关管理文件、系列技术规程等。2004 年国家海洋局对 908 专项的任务和进度做了部署。

（2）主要工作内容

908 专项总体任务包括：我国近海海洋综合调查、我国近海海洋综合评价、构建我国近海“数字海洋”信息基础框架。

海岸带调查是 908 专项工作的重要组成部分，为综合调查任务的主要内容之一，隶属于专题调查，旨在通过对我国海岸带实施多学科的综合性调查，实现海岸带基础资料的全面更新，系统地掌握海岸带自然属性与资源环境的现状、变化及其原因，为沿海省（区、市）海岸带开发利用总体规划制订提供基础数据，为海岸带环境保护和资源的开发利用提供科技依据。

（3）组织实施

908 专项是中华人民共和国成立以来，国家投入最大、调查评价范围最广、采用技术手段最先进的一项重大海洋基础工程。为保证 908 专项工作的顺利开展，由国家海洋局和国家发展改革委、财政部有关部门组成专项领导小组负责专项的统筹协调，具体由国家海洋局组织实施。

按照国务院批示精神，国家海洋局组织编制了总体实施方案，对专项任务进行了分解，制定了 908 专项相关的技术规程，并在全国范围进行技术规程培训，确保按照统一的标准和规范开展 908 专项工作。

根据 908 专项工作的性质和特点，沿海各省（区、市）参与 908 专项工作，负责辖区内相应的专项任务（地方 908 专项）。2004 年国家海洋局对沿海省（区、市）的任务和进度做部署。沿海各省（区、市）根据国家海洋局的要求，相应成立了 908 专项领导小组和管理办公室等，结合本省（区、市）的实际情况，编制了各自的“908 专项总体实施方案”，以及与之配套相关管理文件等。

海岸带的实地调查是整个海岸带调查工作的重点，除海岸带的海洋灾害地质调查由国家海洋局组织实施外，其他均按省级行政区进行分解，由各省（区、市）海洋厅（局）负责组织实施。

2. 海岸带调查研究区域与内容

根据908专项“总体实施方案”和《我国近海海洋综合调查与评价专项海岸带调查技术规程》规定，本次海岸带调查范围为我国大陆海岸和海南岛海岸，即东北起中朝交界的鸭绿江口、西南止于中越分界的北仑河口的大陆海岸带和海南岛的海岸带，调查区域是以潮间带为主，陆域为自海岸线向陆延伸1千米的范围、向海延伸至海图0米等深线。主要内容包括：海岸线修测调查、海岸带地貌和第四纪地质调查、岸滩地貌与冲淤动态调查、潮间带底质调查、潮间带沉积物化学调查、潮间带底栖生物调查、滨海湿地调查、海岸带植被资源调查等，各专业调查的具体内容如下：

①海岸线修测调查包括：海岸线类型、长度及分布、岸线变迁等。

②海岸带地貌和第四纪地质调查包括：海岸带地貌类型、特征与分布，第四纪地质特征等。

③岸滩地貌与冲淤动态调查包括：潮间带类型及面积与分布、岸滩地貌类型及分布特征、典型岸滩剖面特征、典型岸滩动态及人类活动的影响等。

④潮间带底质调查包括：潮间带底质类型、特征及分布。

⑤潮间带沉积物化学调查：以生态环境变化较为典型岸段（如河口、海湾等潮间带发育较好的岸段）为重点调查区域，具体调查内容为沉积物中的总汞、铜、锌、铅、镉、油类、硫化物等。

⑥潮间带底栖生物调查：以生态环境变化较为典型岸段（如河口、海湾等潮间带发育较好的岸段）为重点调查区域，具体调查内容为潮间带底栖生物的类型、数量与分布特征、底栖生物体质量等。

⑦滨海湿地调查包括：滨海湿地类型、面积、分布以及滨海湿地植被类型与分布、植被利用和破坏情况等。

⑧海岸带植被资源调查包括：植被的面积、种类、数量和植被资源类型与分布等，以大河河口三角洲以及主要旅游海岸的沿海防护林、滨海沼泽为重点。

沿海各省（区、市）在落实国家部署任务的基础上，又根据辖区内自然环境资源特点和实际需求，增设了各自的特色任务或调查评价内容。

3. 海岸带调查研究方法与要求

（1）调查研究方法

908专项海岸带调查属多要素、多学科的综合调查，采用点（底质、沉积化学与底栖生物等定点取样）、线（沿程踏勘、剖面观测）、面（遥感探测）相结合的立体综合调查方式进行，辅以多学科、历史资料的综合分析，获取海岸带自然属性与资源环境特征的分布现状和变化规律。根据调查手段，海岸带调查分为实地调查和遥感（卫星、航空）调查，其中实地调查是整个海岸带调查工作的重点，按省级行政区进行分解，沿海省（区、市）海洋厅（局）负责组织本辖区的调查工作。

沿海各省（区、市）根据全国总体要求和自身特点，可细化调查技术标准和增设相关调查工作，在统一领导、统一部署、统一规范、统一要求下实施调查工作，并对获取的海岸带调查数据、资料和成果进行汇总，形成各省（区、市）的海岸带调查成果。国家对沿海 11 个省（区、市）的海岸带调查数据、资料、成果进行汇总和集成，形成全国海岸带调查研究成果。

（2）技术要求

① 总体要求

严格按照《我国近海海洋综合调查与评价——海岸带调查技术规程》《我国近海海洋综合调查与评价——海岸线修测调查技术规程》《我国近海海洋综合调查要素分类代码和图式图例规程》等相关技术要求执行。

综合应用先进技术和设备，各学科调查密切配合，利用 3S（GIS、GPS、RS）一体化技术，进行多学科、多时相、多源数据的高度融合和综合分析，沿海各省（市、区）海岸地面调查要与同一区域的遥感调查协调统一，共同完成海岸带综合调查任务。

海岸带调查的实地调查工作由各省级海洋厅（局）统一组织，确定任务承担单位。任务承担单位（主持）须具备雄厚的调查技术力量和科研水平，具有必要的资质（包括国家计量认证资质证书、海域使用论证甲级证书、海洋工程勘察设计甲级证书等），有长期的工作基础与资料积累，具有完善的组织管理体制和质量控制与保障体系。参加调查的主要技术工作人员必需持证上岗。

② 具体要求

海岸线调查：以实地勘测和遥感调查为主，结合调访和地形图及历史资料进行分析综合，调查成图比例尺为 1∶50 000。基准年限为 2005 年 1 月 1 日。

海岸带地貌和第四纪地质调查：以收集历史调查成果资料为主、遥感调查分析与现场踏勘调查为辅进行调查。其中，现场勘查是在海岸沿程踏勘的基础上，进行剖面观测，调查剖面的平均间距原则上为 20 千米。

岸滩地貌与冲淤动态调查：采用海岸线沿程勘测和典型岸滩剖面综合观测，结合不同历史时期海图、地形图、多时相遥感资料进行对比分析。典型岸滩综合观测剖面间距一般间距不大于 20 千米。

潮间带底质调查：以现场调查和样品采集（表层样和柱状样）分析为主，遥感调查为辅；采样点定位仪器标称准确度优于 1 米。

潮间带沉积物化学调查：以现场样品采集（表层样和柱状样）分析为主，采样点定位仪器标称准确度优于 1 米。

潮间带底栖生物调查：以现场调查和样品分析为主，采样点定位仪器标称准确度优于 3 米。

滨海湿地调查：以遥感调查为主，辅以必要的地面验证。

海岸带植被资源调查：以遥感调查为主，辅以必要的地面验证。

（3）样品与资料和成果汇交

① 样品汇交：调查获取的地质样品汇交至国家海洋局第一海洋研究所的“908 专项海洋地质样品库”；生物样品（标本）汇交至国家海洋局第三海洋研究所的“908 专项海洋生物样品库”。

② 资料和成果汇交：调查研究实施过程中获取的各类资料、专项合同书规定的成果，汇交至国家海洋信息中心统一管理和提供服务，并遵循“边调查、边汇交、边处理、边建设、边服务”的原则。

4. 完成工作量与主要成果

（1）完成工作量

908 专项海岸带调查研究工作自 2005 年开始，2010 年完成全部外业，2011 年 8 月全部通过省级验收。本次海岸带调查，共完成海岸线修测调查约 20 886 千米（含香港和澳门的大陆岸线，以及海南岛岸线）、各类观测剖（断）面超过 6 000 条（表 1），样品采集站（点）超过 6 000 个，其中采集潮间带沉积物表层样品 3 648 个和柱状样 280 站、潮间带表层沉积物化学样品 1 290 个和柱状样 137 站、潮间带底栖生物样品 954 站、生物体质量样品 284 个（表 2）。另外，还有植物标本，有的省份还有海洋水文泥沙观测 34 站；并开展了 ADCP 走航海流剖面观测、水深测量、浅地层剖面和侧扫声呐探测等。

表 1　沿海省（区、市）海岸带调查剖（断）面统计表　　单位：条（个）

项目		辽宁	河北	天津	山东	江苏	上海	浙江	福建	广东	广西	海南	合计
海岸带地貌第四纪地质观测剖面		254	35	8	214	18	5	121	153	172	82	100	1 162
岸滩地貌观测剖面		168	22	8	215	60	8	121	153	172	84	189	1 200
岸滩地形测量剖面		168	22	8	215	15	8	121	153	172	84	189	1 155
潮间带底质取样剖面	表层	107	16	27	215	60	65	100	151	170	84	158	1 153
	柱状	24	5	2	49	16		45	49	34	22	21	267
沉积物化学取样剖面	表层	34	4	3	47	15	36	66	40	32	67	34	378
	柱状	13	2	3	29	12	18	27	10	10	7	19	150
底栖生物取样剖面		13	2	2	22	17	25	30	32	32	10	37	222
滨海湿地验证剖面		254			214	70	76	120				100	
海岸带植被验证剖面					214	32	101 样地	111 样地				100	

表 2　沿海省（区、市）海岸带调查取样统计表　　单位：站

项目	辽宁	河北	天津	山东	江苏	上海	浙江	福建	广东	广西	海南	合计
表层底质取样	491	48	110	721	226	223	300	445	405	84	595	3 648
柱状沉积物样	24	6	3	49	16	5	51	49	34	22	21	280
沉积化学表层	102	12	9	141	77	84	258	120	95	261	131	1 290
沉积化学柱样		2	3	29	12	18	27	10	10	7	19	137
底栖生物调查	157	12	6	66	114	68	93	152	130	51	105	954
生物体质量	42	4	4	28			62	35	60	14	35	
水文观测	2					15						

对调查获取的样品进行了相关实验测试（鉴定），据不完全统计，共分析测试样品 11 320 个（表 3）。其中，沉积物粒度分析样品 7 112 个（表层样 3 817 个、柱状样 3 295个）；沉积物化学成分分析 1 761 站；底栖生物种类鉴定 930 站、生物体质量分析 284 站；沉积物样品碎屑矿物鉴定 545 个（表层样 260 个、柱状样 285 个）、微体古生物鉴定和孢粉分析 344 个（表层样 127 个、柱状样 217 个）、黏土矿物分析 100 个（表层样 74 个、柱状样 26 个）；柱状样土的物理力学性质测试 114 站（柱）、年龄测定（沉积速率）79 站（柱）。

表 3　沿海省（区、市）海岸带调查分析测试样品统计表　单位：个（站）

项目＼省份		辽宁	河北	天津	山东	江苏	上海	浙江	福建	广东	广西	海南	合计
表层沉积物	粒度分析	507	91	51	667	464	181	334	364	404	318	436	
	碎屑矿物			48					64				
	黏土矿物			24					50				
	有孔虫鉴定			24									
	介形虫鉴定			24									
	孢粉鉴定			24					31				
	硅藻鉴定			24									
	软体动物鉴定												
沉积物化学分析	表层	102	10	9	139	152	64	203	108	112	79	96	
	柱状		2	42	86	250	24		10	11	247	15	
底栖生物分析		152	64	12	66	287	42		50	130	37	90	
生物体质量分析		42	4	4	22		12	31	35	60	14	60	

续表

项目 \ 省份		辽宁	河北	天津	山东	江苏	上海	浙江	福建	广东	广西	海南	合计
柱状样分析	粒度	333	40	39	197	471	223	164	526	690	597	15	
	物理力学	5	2	6	10	4		53	6	7	6	15	
	测年（柱）	6	1	6	5	7		26	4	5	6	13	
	古生物鉴定	62				20					6	5	
	孢粉分析	65		24		20			4	11			
	黏土矿物					20			6				
	碎屑矿物	175				19			91				

（2）主要成果

908专项海岸带调查研究成果主要包括：数据集、调查研究报告、系列专题图件与图集、论著和档案等。

① 数据集

908专项海岸带调查数据集包括：全国海岸带调查集成数据集；省级海岸带调查研究数据集。

全国海岸带调查集成数据集：以沿海11个省（区、市）组织开展的海岸带调查和相关专题调查与评价，以及国家908专项海岸带开发活动及其环境效应评价等课题的成果为依托，全面真实地反映全国海岸带综合调查与评价的数据状况；辅以积累的区域范围内的历史数据作参考，采取调查数据和评价数据相结合、历史资料和调查资料相结合的方式，综合整编、分类表示、标明出处，确保数据集内容的全面性和数据的准确性。该数据集共计117个表，分为4个部分。

第一部分为全国海岸带调查研究的基本情况，依据沿海省（区、市）908专项成果统计制成，共计47个数据表，内容包括：各省（区、市）海岸带调查项目及其专题、海岛海岸带图集编绘、海岸带调查研究相关的特色专题和国家908专项有关海岸带调查研究任务等项目信息（任务名称与代码、承担单位与任务负责人）；完成实物工作量（各专题调查剖面、站位、样品及其分析测试）；提交的调查研究成果，具体包括成果构成，调查研究报告（总报告和专题报告）和图集的名称、完成单位及主编人员，以及发表的论著相关信息。

第二部分为海岸带基础数据，依托近年来开展的有关专题研究获得的基本数据和管理信息制成，共计47个表，内容包括：沿海行政区和4个自然海区的基础数据信息；海域行政区域界线信息；海岸线及其类型、潮间带及其类型（按省级、自然海区、各省份地级市分别统计给出）。

第三部分海洋资源环境，主要依据相关公报、年鉴、专业志书、典籍和海域地名普查成果等资料整编，共计 6 个表，内容包括：淡水资源（水资源基本情况、沿海地区用水情况）；海湾、入海河口、海岸岬角等基本信息。

第四部分海洋资源开发与管理，主要依据相关公报、年鉴进行整编，共计 17 个表，内容包括：海域使用管理统计、重大用海建设项目及类型、规模的统计；海洋经济基本状况（海洋生产总值及其构成、增加值等）。

省级海岸带调查研究数据集：由沿海各省（区、市）海岛海岸带数据集、海岸带调查研究数据集、相关专题调查与评价研究数据集等组成。其中，海岛海岸带数据集为省级 908 专项成果集成任务形成的数据集，每省份 1 个，共计 11 个；海岸带调查研究数据集由各省（区、市）海岸带调查研究任务形成的数据集，每省份 1 个，共计 11 个；相关专题数据集为沿海省（区、市）设置与海岸带调查研究相关专题任务形成的数据集，按合同任务单元形成。

② 调查研究报告

编写了一系列海岸带调查研究报告，包括总报告、专题调查与评价研究报告、任务执行情况总结报告，共计近 300 册。

总报告：12 个。其中，沿海省（区、市）各 1 个，全国总报告 1 个。

专题报告：184 个（表 4）。其中，国家部署的海岸带调查基本任务的专题报告 86 个，自设调查类专题 32 个、评价与集成类专题 63 个、新增专题调查研究报告 3 个。

任务执行情况总结报告：12 个。其中，沿海省（区、市）各 1 个，全国总报告 1 个。另外，各相关合同任务单元也均有执行情况总结报告。

表 4　908 专项沿海省（区、市）海岸带调查报告统计表

报告类型 \ 省份	辽宁	河北	天津	山东	江苏	上海	浙江	福建	广东	广西	海南	合计
海岸带总报告	1	1	1	1	1	1	1	1	1	1	1	11
海岸带专题报告	8	8		10	8	9	8	10	8	8	9	86
自设调查专题报告	7	11		0	3	1	1	3	4		1	32
评价与集成报告	4	2		7	9	5	11	13	8		1	63
新增专题报告	0	0		1	1	1	0	0	0			3
海岸带执行报告	1	1	1	1	1	1	1	1	1	1	1	11

③ 系列专题图件与调查图集

包括沿海省（区、市）海岸带调查专题图件、海岛海岸带图集和全国海岸带调查成果集成图件与插图。

沿海省（区、市）海岸带调查专题图件：包括国家规定的 1∶5 万比例尺和标准分幅的成果图件、自行增加相关专题的成果图件，共计 5 751 幅（表 5）。

沿海省（区、市）海岛海岸带图集：按省级行政区分别编绘，共计 11 册。各省

（市、区）对其海岛调查、海岸带调查、特色调查项目和国家908专项在其近岸海域有关项目等大量成果及其他相关数据资料，进行汇总、融合和同化处理，按照国家908专项统一要求进行编绘。

表5　沿海省（区、市）海岸带调查专题图统计表　　单位：幅

专题图类型	辽宁	河北	天津	山东	江苏	上海	浙江	福建	广东	广西	海南	合计
海岸线专题图	64	21	2	83	54	10	52	59	348	42	94	829
海岸带地貌类型图	81	1	2	103	54	10	49	59	174	24	57	614
海岸带第四纪地质图	81	1	2	90	54	10	49	59	174	24	57	601
岸滩稳定性分布图	1	1	1	1	54	10	52	63	174	25	1	383
潮间带沉积物类型图	70	1	2	90	48	10	52	59	174	24	48	578
潮间带类型分布图	70	1	2	90	48	10	52	59	174	24	48	578
潮间带沉积物化学专题图	100	10	1	18	10	10	10	58	10	31	1	259
潮间带底栖生物分布图	13	1	1	17	10	10	34	20	10	18	1	135
滨海湿地类型分布图	75	4	1	100	53	10	53	59	174	23	62	614
海岸带植被类型分布图	81	23	1	88	53	10	50	59	174	23	62	624
其他（自增）	135	33	0	1	3	50	12	270	13	1	21	536
合计	771	97	15	681	438	150	465	824	1 599	259	452	5 751

④ 出版了系列专著与工具书

908专项出版的专著分为两个系列。其一是中国近海海洋系列，该系列是908专项调查研究的重要成果，由物理海洋与海洋气象、海洋化学、海洋生物与生态、海底地形与地貌、海洋底质、中国海岸带、中国海岛16本专题和11个沿海省、市、自治区的海洋环境资源基本状况等共27部著作组成，共2 100余万字。该系列著作深化了各种海洋环境要素时空分布、变化规律、制约因素机制的认识，并有新发现、新认识。其二是《中国区域海洋学》，该系列著作在2012年由海洋出版社出版，是中华人民共和国成立以来，特别是改革开放30年来，中国近海海洋综合调查研究和908专项调查的系统总结，全面、系统、完整地阐述了我国管辖海域的自然环境、各种海洋要素的基本特征及其分布规律。全书8卷，是一部海洋科学巨著。

《中国海岛志》是908专项编纂的一部大型工具书，共分11卷21册，已出版8卷册，分别是辽宁卷第一册、山东卷第一册、江苏与上海卷、浙江卷第一册和第二册、福建卷第三册、广东卷第一册和广西卷，共约1 100万字。志内按岛群或海区分篇，各篇范围内的区域环境单独列章统一阐述。对资料丰富、内容全面的单个海岛，分章依次记述概况、历史与文化、基础设施、社会经济基本情况、地质地貌、植被与土壤、自然资源及其开发与保护等。这套志书既体现海岛的基本特征和社会风貌，也反映了海岛的自然环境与资源状况，并配有大量精美图像。《中国海岛志》是我国有史以来首

次编纂出版的有关我国海岛的大型志书。

《中华海洋本草》是我国海洋药物领域首部大型志书，也是一部记录中国 3 600 年来海洋药物发展文明史，并体现当代科学水平的基础资料性的百科全书。全书分为 9 部，总字数约 850 万字。其中主篇 5 部，分别为总论、海洋矿物药与海洋植物药、海洋无脊椎动物药、海洋脊索动物药、索引；副篇 4 部，包括 1 部《海洋药源微生物》和3 部《海洋天然产物》。全书共收录海洋药用生物 1 479 种；药物 613 味，其中植物药 204 味，动物药 397 味，矿物药 12 味；附有 2 700 余幅图片和图谱。主篇和副篇相互认证，相互补充，反映了在现代海洋生物技术的推动下，我国海洋药物发展全貌。

三、海岸带地貌科研成就

在我国改革开放之后，真正的科学春天来了，除了我国海洋界各有关单位进行了不同目的的大规模调查之外，我国的海岸学家和海洋地质学家们都投身到海洋地质地貌科学的研究中去。在此期间，由于改革开放政策的实施，我国和世界的交流大大加强，一方面外派了许多学者和学生到国外学习，另一方面外国科学家进入国内进行学术交流，一改过去一边倒的学术状况，从而使我国海岸科学有了迅速的发展。1978 年之后不但过去已有的科研期刊快速恢复，新刊物也如雨后春笋般出现了，研究论文大量涌现，研究领域不断扩大，新的丰硕成果不断出现。分以下几个方面阐述之。

（一）中国海岸带地貌基本特征及区域海岸研究

1981 年，科学出版社出版了由中国科学院《中国自然地理》编辑委员会编写的《中国自然地理・地貌》一书。该书的第十一章海岸地貌由陈吉余执笔，该文首次总结了控制中国海岸发育的主要因素，并根据海岸地貌形态及成因，将中国海岸分为三大类，每大类中分若干亚类。例如，平原海岸分为三角洲平原、三角湾平原海岸、淤泥质平原海岸和砂质砂砾质平原海岸；山地丘陵海岸分为岬湾式海岸、断层海岸；生物海岸分为珊瑚礁海岸、红树林海岸等。并对上述海岸的分布及基本特征做了阐述。文中还讨论中国古代的海岸变迁问题。作者的中国海岸地貌思想在以后又有了一定的发展（全国海岸带和海涂资源综合调查成果编写组，1991）。曾昭璇也对中国海岸进行了研究[①]。

除了上述的全国海岸研究成果外，还开展了区域性的海岸地貌研究，并取得了丰硕成果，这其中有祝翠英（1985）的《辽宁海岸地貌的初步认识》，以及曾昭璇一系列

① 曾昭璇，1977a，中国海岸类型及其特征，海洋科技资料，1 期。

台湾海岸地貌的论述（1977，1978）等①②③④⑤。另外，王琦等（1978）、王宝灿等（1980）还发表了有关山东日照及海洲湾海岸的地貌与泥沙运动等文章。

在区域海岸地貌研究方面除发表了众多的论文之外，近年来还出版了数部专著，其中主要有赵焕庭等人（1999）的《华南海岸和南部诸岛地貌与环境》、王颖等人（1998）的《海南潮汐汉道港湾海岸》、王宝灿等人（2006）的《海南岛港湾海岸的形成与演变》等。其中赵焕庭等人的书是根据中国科学院南海海洋研究所多年来的调查研究成果而编著的。该书系统地论述了华南海岸和南海诸岛的地貌第四纪地质研究简史，详细讨论了具有鲜明的热带、南亚热带特色的华南沿岸港湾、河口、潮汐汉道、红树林海岸和珊瑚礁海岸地貌的形成、类型与演变规律。同时还讨论了华南海岸及南海诸岛的现代自然环境利弊、自然区划、自然资源及开发利用的历史与经验，可持续开发的方针与区划，以及环境保护等。

（二）中国海岸演变的研究

中国海岸的演变问题，一直是海岸工作者关心的问题，众多的研究者对该问题进行了研究。中国海岸演变方面的研究成就可以从两个方面加以说明。

1. 历史时期的海岸演变的研究

历史时期的海岸演变研究的方法，多数用历史地理学方法，辅以微体古生物和同位素测年法。

如前所述，从20世纪50年代中期就开始了历史时期海岸变迁的研究，其中侯仁之、李世瑜、谭其骧等，在20世纪50—70年代初期都取得了显著成绩。进入20世纪70年代末期，陈吉余等做了大量工作，其中尤以陈吉余1982年写的《历史时期的海岸变迁》最为重要。该文通过历史考证分别论述了下辽河海岸、渤海湾海岸、苏北海岸、长江口和长江三角洲、钱塘江口和杭州湾、珠江三角洲及部分基岩海岸，如泉州港的历史变迁（陈吉余，1982）。2013年由科学出版社出版的《中国历史自然地理》一书中的第五篇历史时期海岸的演变系统总结了我国有史以来的海岸演变情况，该文引用了丰富的历史文献，深入地分析了我国不同类型海岸的演变原因及演变过程（邹逸麟等，2013）。

2. 第四纪海面变化和海岸变迁

改革开放以来，由于微体古生物、孢粉、^{14}C测年及氧同位素技术的成熟与广泛的

① 曾昭璇，1977b，台湾西部平原海岸地貌，海洋科技资料，第3期。
② 曾昭璇，1977c，台湾岛北部海岸地貌，海洋科技资料，第6期。
③ 曾昭璇，1977d，台湾西北部台地海岸地貌，海洋科技资料，第6期。
④ 曾昭璇，1978a，台湾南端山地海岸地貌，海洋科技资料，第4期。
⑤ 曾昭璇，1978b，台湾东部海岸地貌，海洋科技资料，第5期。

应用。我国有关第四纪海面变化与海岸变迁的论文很多。但对后来海岸工作影响较大的仍是最初发表的几篇文章。如：林景星 1977 年发表的《华北平原海进海退现象的初步认识》，赵松龄、夏东兴等人 1978 年发表的《关于渤海湾西海岸海相地层与海岸线问题》，杨怀仁等 1984 年发表的《中国东部 20 000 年来的气候波动与海面升降运动》等文章。其中尤以赵松龄等人的文章最为突出。该文根据 71 个水文钻孔的野外描述和室内分析测试，该区地层共存在三个海相层。并根据^{14}C 和古地磁测试结果确定第一海相层（最下一层海相层）形成时代为 102 000~70 000 a. B. P.，第二海相层为 39 000~23 000 a. B. P.，第三海相层 8 000~2 000 a. B. P.。并据此认为该区自 10 万年来发生三次海侵，并留下三条古海岸线：第一次海侵达沧州以西谢官厅附近，称沧州海侵；第二次海侵范围较大，可达献县境内，称献县海侵；第三次海侵范围较小，仅在黄骅、静海、天津一带，称黄骅海侵。这些海侵的名至今仍有人在沿用。

3. 现代海面变化及其影响的研究

现代海面上升问题，在近 20 年来特别引人注目，其原因就是它影响众多的滨海地区居民的生存问题，于是纷纷进行讨论寻求原因。这一问题不仅仅是个科学问题，也成了政治议题。

我国最早注意现代海面上升的人是方宗岱，他于 1952 年在《自然科学》第一期上就发表了《平均海面呈上升趋势》一文，但该文并未引起人们的很大注意。到 1981 年，K. O. 埃默里和尤芳湖在《海洋与湖沼》发表了《太平洋西部中国沿岸海平面的变化》一文，该文根据中国沿岸潮汐站和菲律宾、澳大利亚测站资料讨论海平面变化及其原因。在文章第一节特别指出了二氧化碳的温室效应可能引起海面较大的上升，并建议中国科技工作者和政府应对其给予充分注意，此后就发表了众多的有关海面变化的文章。

在众多的海平面变化研究中，陈宗镛等人（1996）的《中国沿海相对海面变化》和郑文振（1999）的《我国海平面年速率的分布和长期分潮的变化》二文最为重要。其中，陈文根据中国沿海重要验潮站的资料推算出青岛海面上升速率为 0.9 毫米/年、长江口为 1.2 毫米/年、厦门为 3.4 毫米/年、东山为 0.4 毫米/年、闸坡为 1.9 毫米/年、北角为 2.1 毫米/年。以上为海面变化绝对值，而海面变化的相对值：秦皇岛为 -2.9 毫米/年、青岛为-0.7 毫米/年、吴淞为 2.7 毫米/年、坎门为 2.1 毫米/年、厦门为 1.9 毫米/年、闸坡为 1.9 毫米/年，全国平均为 0.8 毫米/年。海面变化还存在不同年数的周期变化，郑文则根据全国 52 个验潮站计算出了全国的海面变化速率（表 6）。

表 6　我国海岸的海面年变化速率统计

海区	升降指数	总站数	平均上升速率（毫米/年）	标准差（毫米/年）
渤海	上升站 4 个，下降站 2 个	6	2.6	4.0
黄海	上升站 4 个，下降站 5 个	9	0.8	3.5
东海	上升站 16 个，下降站 1 个	17	2.7	1.6
南海	上升站 19 个，下降站 1 个	20	2.1	1.3
全国	上升站 43 个，下降站 9 个	52	2.1	2.3

二文还讨论了海面变化的周期性和影响海面变化的因素。

关于海面上升对人类的影响问题早已引起人们的注意，其中任美锷 1988 年发表的《全球气候变化与海平面上升问题》是对该问题论述较早的文章，该文除了讨论全球海面变化原因外，着重讨论了海面变化的影响。他指出，如果今后 100 年全世界海面上升 50~100 厘米，则沿海，特别是大河三角洲广大低地将被淹没，许多大城市和沿海地区城市将受到严重威胁。海水进侵，海岸后退，给生态环境也将造成巨大影响。

在区域研究方面，黄镇国等人（2000）的《广东海平面变化及其影响与对策》一书成就最为突出，该书不但研究了广东海面的变化幅度、原因、分区及其对广东沿海区社会经济的影响，并且提出了非常具体的防范对策和相应的大体的经费预估，从而为地方政府在防灾减灾决策提供了科学依据。

（三）中国海岸带地貌体系的研究

中国海岸地貌体或称中国海岸带地貌体系的研究，虽在新中国成立以来的 30 年间取得了很大成就，如河口、珊瑚礁、砾石堤等方面有一定成绩，但研究面不宽，深度不够大，自从改革开放以后，则开展了海岸地貌体系的多方面深入的研究，并取得了显著成绩。以下就几个方面进行说明。

1. 沙坝-潟湖体系的研究

沙坝-潟湖地貌体系是中小潮差海岸区最具代表性地貌特征。在我国广泛分布在辽宁、山东、广东、海南等地沿岸。

我国的沙坝-潟湖体系的研究始于 20 世纪 80 年代初。最早见到的文章是李从先等人 1982 年发表的《沙坝-潟湖体系的沉积和发育》一文。该文主要讨论沙坝-潟湖体系的沉积形成和演化过程。李春初等人 1986 年发表的《粤西水东沙坝潟湖海岸体系的形成与演化》一文，则完全是从地貌学角度讨论沙坝潟湖的各种地貌单元和地貌体系的形成与演化。他们把沙坝潟湖海岸分成如下五个地貌单元：①沙坝；②潟湖；③潮汐通道：包括口门及口门外潮汐水道；④泥坪；⑤涨潮流三角洲和落潮三角洲。并将其形成过程分为四个阶段：①晚更新世中期（Q_3^2）形成古沙坝海岸破坏期（Q_3^3）；②低海面回升中古海岸砂向岸搬运期（6 000 a. B. P）；③现代沙坝形成稳定期（600～2 500 a. B. P）；④近期沙坝侵蚀后退期。该文作者将该体系演化模式总结如表 7 所示。

表 7　全新世水东–博贺沙坝潟湖海岸体系演化

时　间	早全新世	中、晚全新世	近　代
海面变化	上升———	———→基 本 稳	定
泥沙补给	充	足———	———→不足
沙坝冲淤、进退	超覆后退———	→淤积前展———	→侵蚀破坏，岸线后退
潟湖面积	最大	→缩小———	→略再扩大
泥坪	发育	→老化②———→老	泥坪侵蚀，发育新泥坪③
通道特征及位置	宽深	→位置外推，缩小———	→位置内移，口子扩大
涨潮三角洲及沙体	发育	→老化④———	→新涨潮沙嘴沿通道两侧侵入
落潮三角洲		形成并向海扩大发展⑤———	→遭受波浪侵蚀，向陆退缩

注：①近年人工围垦及堵海使潟湖面积减小，不在此列；②湾内老泥坪广为发育，如下里码头边的老泥坪经 ^{14}C测定为 2 060±90 年前；③水东湾老泥坪临湖一侧有侵蚀陡坎，坎下发育现代泥坪；④指形成大洲、二洲等涨潮三角洲；⑤落潮三角洲深潮道沉积（中、粗砂）的贝壳经 ^{14}C 测定为 4 156±65 年前，拦门沙底部的砂质淤泥经 ^{14}C 测定为 5 020±130 年前。

李春初等人 1990 年还发表了《粤西水东湾潮汐通道——落潮三角洲的动力地貌过程》一文，深化上述观点，还研究了沙坝–潟湖地貌体系的动力条件，泥沙运动及其稳定性、航道开挖可能性问题。

2. 有关于连岛坝形成的研究

在我国海岸发育有不少的连岛坝及与之相连的陆连岛，这就是连岛坝地貌体系。研究连岛坝地貌体系不但具有理论意义而且具有工程价值。

首先对我国连岛沙坝进行研究的是蔡爱智，他先后发表了《论芝罘连岛沙坝的形成》（1978）和《山东龙口湾的泥沙来源和连岛沙坝的形成》（1985），分别论述了两个沙坝的成因及形成过程。1984 年陈子霞等人发表了《连岛坝形成规律及其在港口建设中的应用》一文；再后，张海启等人（1993）发表了《褚岛连岛沙坝的形成与演变》，吴桑云 1986 年发表了《屺峈连岛沙坝发育初探》等文章，这些文章中以蔡爱智（1978）和陈子霞的文章最为重要。前者讨论了芝罘岛连岛沙坝的地貌特征和形成过程，为后来的连岛坝的研究者以启迪；后者，经过广泛调查和统计分析，论述了连岛坝的成因与机制，并通过室内的模型试验验证之，最后给出了 4 条基本结论：①在沙质海岸，连岛坝的形成与该区动力泥沙条件，海岛长度（L）与岛陆之间距离（B）的比值有密切关系。这些条件之间必形成一定关系，否则连岛坝难以形成。在水沙条件允许条件下，岛长和岛陆间距之比在 1～2 之间最易形成连岛坝，若大于 8 则不能形成连岛坝。②连岛坝上游岸线与原岸线交角为16°~24°，下游岸线约为24°，沙嘴位置与岛陆间距离有关，一般为离岸距离的1.5倍。③在正向波浪作用下，由于波浪的绕射作用，使海岛后侧的海岸线呈舌状，投影比（*L/B*）越小，连岛坝头都越平坦，当L/B值小到一定程度时，岛后就呈现双峰型沙嘴。④根据上述原理可布置相应的海岸工程，如岛式防波堤、岛式护岸堤等。

3. 潮流脊的研究

潮流脊是在强潮流作用下形成的松散沉积物线状堆积体，在我国近岸海域广泛分布。在开展潮流脊的研究之前，海岸地质学家们普遍将它当成残留沉积和地貌，尤其那些被称为浅滩的海底地貌。从1983年开始，刘振夏、夏东兴等，开始研究潮流脊，在此后的20年间先后发表了若干论文（刘振夏，1983；刘振夏等，1983，1994，1995，1996，1998；夏东兴等，1983，1984，1995）对其进行论述，最后形成了《中国近海潮流沉积沙体》一书，该书系统地总结了他们的研究成果和中国潮流脊的基本特征、类型、分布及形成原因，并分别论述各海区潮流脊的潮流脊特征和潮流沉积体系（刘振夏等，2004）。

2002年，王颖等人出版了《黄海陆架辐射沙脊群》一书；该书除了对苏北海域潮流脊群的地貌沉积、地层结构特征进行了较详细的论述外，其最重要的成果是对该海区的动力环境，特别潮流脊群的潮流动力机制进行了论述和模拟，从而对潮流脊的形成机理有了更深入的认识，作者们还利用“4S”技术进行潮流脊可视化研究，从而加强了潮流脊形成的直观感性认识。

4. 海滩研究

海滩是砂砾质海岸上的最活跃，也是最重要的地貌单元，研究海滩不但有重大的理论意义，而且具有广泛的应用价值。

我国的海滩研究起步较晚，虽然开始于1966年开展的海岸带调查的海滩定位观测站，但直到1985年发表《海滩活动层》一文，已过去了近20年，以后又长时间没有有关海滩研究的报道，直到20世纪90年代初才见陈子燊等人陆续发表了有关海滩剖面动态研究的文章，为我国海滩研究做出了贡献。

2008年出版了蔡锋等人的《华南海滩动力地貌过程》一书，该书是我国关于海滩研究的第一部著作。该书比较全面地论述了华南海滩的地貌特点，系统地论述了华南海滩的动力过程，并根据“9914”号台风、“0307”号台风、“0418”号台风、“0604”号台风前后海滩地貌的观测结果，讨论了海滩过程对台风过程的响应，从而把我国海滩研究提到了一个新的水平。作者不但注重海滩理论研究，而且还把理论应用于海滩治理的实际中去，并获得了成功。

5. 海岸风沙地貌的研究

风沙地貌也是海岸带地貌中的重要的地貌体系，它包括沙丘和沙地等地貌单元，该地貌体系在我国沿海地区有广泛的分布。在20世纪80年代之前，我国海岸地貌工作者很少问津，20世纪80年代之后，研究者便逐渐多了起来。其中，林惠来1982年发表的《台湾海峡西岸历史风沙的初探》一文便开了该项研究之先河。以后蔡爱智(1983)发表了《中国海岸风沙沉积的成因与特征》论述海岸风沙的分布、成因及其基本特征。李善为等(1985)年发表的《山东半岛的海岸沙丘》一文则主要叙述山东半岛海岸沙丘的地理分布与沙丘的一般特征。而吴正1987发表的《海南岛东北海岸沙丘的沉积构造特征及其发育模式》及1995年发表的《华南沿海全新世海岸沙丘研究》二文则从海岸沉积物的结构、沉积物粒度特征、正态概率曲线结构形式、石英砂颗粒表面特征等，沙丘形态、分布特点等论述了该区沙丘形成和发育模式，并通过众多测年资料来确定海岸沙丘的形成时代。吴正的另一篇有关海岸沙丘的重要论文是1994年写的《华南沿海老红砂的成因与红化作用》一文。该文通过野外调查，室内分析，用比较岩石学的方法论证了老红砂的风成性后，通过^{14}C和热释光法测得年份为(9 200±900)~(50 600±6 300) a. B. P.，即基本都形成于晚更新世。并特别指出，老红砂是风成沉积，并非是海相层，因此，其沉积和空间展布特征，不能做海平面变动，新构造变动和地震活动的依据。吴正等人将上述研究成果，总结成《华南海岸风沙地貌研究》一书于1995年出版。

在众多的有关海岸风沙地貌研究论文中，傅命佐等人1994年发表的《黄渤海海岸季节性风沙气候环境》一文特别值得一提，该文根据黄、渤海多站长期气候资料的统计结果，探讨了降水、相对湿度、干燥度、大风等分布特点，提出了“季节性的风沙气候环境”这一命题，从而说明了黄、渤海沿岸风沙地貌和风沙沉积形成原因和必然性，进一步指出了该区也具有沙漠化的可能。因此，防风造林、保护海岸生态环境是该区防止重新沙漠化的重要任务。

6. 海湾的研究

海湾是海岸带内最重要的地貌综合体，由于其资源丰富，区位优越，周边经济发达，历来成为开发利用的重要海域，也成为未来海洋经济发展的重要基地。因此，我国科学家都非常注意海湾的调查研究。我国的海湾调查研究的动力主要源于我国的港口建设，20世纪70年代进行的海湾调查，多属这一方面。为适应这一时期的建港需求，国家海洋局第一海洋研究所出版了《胶州湾自然环境》一书，该书比较全面地论述了胶州湾的自然条件，海湾的形成演化史，为青岛前湾港的建设提供了科学依据。1995年杨干然等人编著的《海岸动力地貌学研究及其在华南港口建设中的应用》一书也是这一方面体现。

1984年，任美锷、张忍顺发表了《潮汐汊道的若干问题》，王文介发表了《华南沿海潮汐汊道类型、特征的初步研究》的论文。前者把潮汐汊道定义为："由潮流动力维持，海洋通过一个短窄口门伸入陆地相当远距离的支汊。"强调它是潮汐海岸特殊的港湾类型，存在一个动力地貌体系（赵焕庭等，1999）；后者将潮汐汊（通）道分为沙坝潟湖型、溺谷型和河口湾型，其中溺谷型又分为两个亚型：台地溺谷型、山地溺谷型（王文介，1984）。这两篇文章影响颇大，后来的许多研究都以潮汐汊道冠名，如张乔民等人的文章（张乔民等，1985、1990、1995等），后来赵焕庭等（1999）及王颖（1998）对该研究进行总结，出版了专著。

《中国海湾志》编纂出版之后，陈则实、王文海等人于2007年出版了《中国海湾引论》一书，该书系统地总结了我国海湾的调查研究成果，讨论了我国海湾的类型、海湾发生、发展和演化规律。书中根据不同的海湾要素对海湾进行了分类，例如根据成因将海湾分为两大类八个亚类，按海湾水域率将海湾分成五类，按海湾形态将海湾分为五类，按海湾开敞度将海湾分为四类，按动力参数（平均潮差与海湾平均波高比）将海湾分为五类。最后则根据开敞度和动力参数组合将海湾分为七类，即开敞、半开敞浪控浪混型海湾、开敞半开敞潮混潮控型海湾、开敞半开敞强潮型海湾、半封蔽浪混型海湾、半封蔽潮混潮控型海湾、封蔽半封蔽强潮型海湾及潟湖型海湾。书中对各类海湾的动力条件、地貌、沉积特征进行了概述，同时还讨论了海湾环境化学和海湾生物问题。总之，该书是近年来我国海湾研究中的一本较重要著作，为今后的海湾研究提供借鉴。

在《中国海湾引论》一书出版之后，吴桑云、王文海等人于2011年出版了《我国海湾开发活动及其环境效应》一书。该书以胶州湾为例较详细地讨论了胶州湾的自然环境特征、海湾资源、海湾开发成就及海湾开发的环境效应问题，海湾整治与管理问题，并根据海湾开发过程中出现的众多生态环境问题，提出了健康海湾的概念，是我国海湾研究的重要成果。

7. 河口研究

在我国18 000千米的大陆海岸线上分布着河长100千米以上河流的河口100多个，这些河口的发育与演化无不关涉我国的国民经济、社会生活和国防安全，因此，对其关注与研究的人也就愈来愈多，所取得的成果也就愈来愈大（陈吉余，1996）。我国河口研究始于20世纪50年代，而兴盛于20世纪80年代，改革开放之后我国河口研究的重要成绩有以下几个方面。

（1）河口分类的研究

我国河口分类的研究始于20世纪60年代初。1963年，黄胜等根据水流、泥沙特性，结合地质地貌条件，将中国河口分为强潮海相河口、湖源海相河口、陆海双向河口和弱潮陆相河口四大类。

1986年，黄胜与钟秀娟（Huang Sheng and Zhong Xiujuan，1986），根据我国20个河口资料，以一个全潮期平均径流输沙量（即多年平均径流流量与多年平均径流含沙量及全潮平均周期的乘积）之比（λ）和simons的混合指数 M（一个潮周期平均径流量与平均涨潮量之比）作为分类指标，定量地将前述4类河口进行了划分：$M<0.1$、$\lambda<0.01$ 为强混合海相河口，$0.1<M<0.2$、$0.01<\lambda<0.05$ 为缓混合海相河口，$0.2<M<1.0$、$0.05<\lambda<0.5$ 为缓混合海陆双向河口，$M>1$、$\lambda>0.5$ 为强混合陆相河口。

1982年，王恺忱基于海岸与河流两者力量强弱对比的概念，以与潮差、河口感潮河段长度、涨落潮历时比有关的海洋动力指标 S 为纵坐标，与多年平均径流量、多年平均径流含沙量、多年最大与最小径流量之间有关的河流动力指标 R 为横坐标，得潮汐河口分类图，但其指标量纲不一致，且验证资料较少。

1982年，周志德和乔彭年从河床演变学角度出发，根据形态与成因相结合的原则将水流泥沙元素与形态相联系，并应用钱宁等人提出的山潮水比值 $\alpha=\frac{Q_{rb}}{Q_f}$（径流造床流量与涨潮平均流量之比），与多年平均径流含沙量 Sr 作为横、纵坐标，应用国内外20个河口资料，点绘了河口分类图，以 α、Sr 作为分类指标，将河口分为三大类：$\alpha\leqslant0.02$、$Sr<0.4$ 千克/米^3，为河口湾型河口；$0.02<\alpha<0.6$、$Sr<0.4$ 千克/米^3，为过渡型河口；$0.02<\alpha\leqslant0.6$、$Sr>0.4$ 千克/米^3，为少汊三角洲型河口；$\alpha>0.6$、$Sr>0.4$ 千克/米^{3}为摆动三角洲型河口。1996年上述作者将其分类做了适当修正。

1990年，金元欢等人根据中国26个重要入海河口基本资料统计整理结果，选取河口潮径比 Q_f/Q_r（平均涨量流量与平均流量之比）、河口平均潮差 ΔH、潮径流输沙率 G_f/G_r（涨潮平均输沙率与多年平均径流输沙率之比）；河口平均形态指标（展宽系数、分汊系数和弯曲系数）等9个指标，运用模糊聚类分析法，对中国河口进行了分类。并提出了相关的分类指标。$Q_f/Q_r>35$、$G_f/G_r>300$ 为强混合相喇叭型河口；$35\geqslant Q_f/Q_r>5$ 为过渡型，其中 $30\geqslant G_f/G_r>50$ 为缓混合海相河口，$50\geqslant G_f/G_r>5$ 为缓混合海陆双相分汊型河口；$5\geqslant Q_f/Q_r>1$、$5\geqslant G_f/G_r\geqslant1$ 为缓合陆相河网型河口；$Q_f/Q_r<1$、$G_f/G_r<1$ 为高度分层游荡型河口。

熊绍隆（2011），根据造床流量（无造床流量者，可采年均流量的2倍代替之）与河口口门涨潮平均流量比值 $\alpha\left(=\frac{Q_{rb}}{Q_f}\right)$ 和径潮含沙量比 $\beta=S_r/S_f$ 的关系来分类，该作者经过大量工作后，认为以 $\alpha\beta^{1/2}$ 之值来分类最为合理，将河口分为3个大类6个亚类：

$\alpha\beta^{1/2}<0.007$，河口湾型（Ⅰ），具有纵向沙坝的喇叭型河口湾；

$0.007\leqslant\alpha\beta^{1/2}<0.018$，过渡型（$\mathrm{II}_1$），有拦门沙的小喇叭过渡型河口；

$0.018\leqslant\alpha\beta^{1/2}<0.10$，过渡型（$\mathrm{II}_2$），有拦门沙的弯曲过渡型河口；

$0.10\leqslant\alpha\beta^{1/2}<0.14$，过渡型（$\mathrm{II}_3$），有拦门沙的山区过渡型河口；

$0.14\leqslant\alpha\beta^{1/2}<0.64$，三角洲型（$\mathrm{III}_1$），有拦门沙的少三角洲型河口；

0.64≤ $\alpha\beta^{1/2}$ <2.2，三角洲型（III_2），有拦门沙的网状三角洲型河口；

2.2≤ $\alpha\beta^{1/2}$ ，三角洲（III_3），有拦门沙的摆动三角洲型河口。

（2）长江口的研究

长江口是我国第一条大河的河口，它的稍许变化，都对上海市、沿江流域甚至全国的政治、经济和社会生活有重要影响，故对其投入研究的人力、物力都相当的多，取得的成果也就很多。

如前所述，我国长江口的研究始于20世纪50年代，而进入改革开放以后更是蓬勃发展，进行多期次的大规模研究。

首先，应该指出的是陈吉余1979年发表在《海洋学报》上的《两千年来长江口发育的模式》一文，该文首次提出了“南岸边滩推展、北岸沙岛并岸、河口束狭、河道成形、河槽加深”的发育式。

该作者1990年发表的《长江河口及其水下三角洲的发育》一文，除了再陈述上述河口发育模式外，特别对自18世纪长江主泓改由南支入海以后的大体拦门沙体系的发育演化历史及水下三角洲的基本特征及其向外发育过程进行了论述。

在长江口近期演变方面，恽才兴2004年出版了《长江河口近期演变基本规律》一书。该书充分利用历年的水文测试成果，系统水下地形图和多时相卫星遥感图像数字化信息，从动力沉积学和动力地貌的角度揭示1958年以来近半个世纪的长江河口冲淤变化特点、长江河口近期演变规律和机制。该书对现在正在进行的长江口整治工程具有重要参考价值。

长江口锋面、最大浑水带等方面的研究在此期间也取得不少成就，其中陈吉余等根据河口盐度、密度、含沙量、沉积物分布特征及生态特征的不连续特征，于1995年提出了“河口跃变”这一新概念（陈吉余，2007），从而河口研究又前进了一步。在这方面研究的成果还有沈焕庭、潘定安2001年出版的《长江河口最大浑浊带》、胡方西等人2002年出版的《长江口锋面研究》、沈焕庭等人2003年出版的《长江河口盐水入侵》、沈焕庭等2009年出版的《长江河口陆海相互作用界面》等著作。

另外，在海陆相互作用方面，多数都是通过河口的研究，特别是大河口，如长江的物质交换过程来进行，在这方面的重要成果有胡敦欣等人的《长江、珠江口及邻近海域陆海相互作用》，沈焕庭等人的《长江河口物质通量》等书问世。

这个时期，关于长江口的沉积地层的研究取得了较大进展，同济大学海洋地质系在1978年发表了《全新世长江三角洲的形成和发育》一文，来论述长江三角洲的地层结构及三角洲的形成发育问题。1998年，李从先等人出版了《长江晚第四纪河口地层学研究》一书。该书作者通过分析30个钻孔岩心和340多个表层样，搜集600多个钻孔资料，并运用沉积结构和构造、微体古生物、古地磁、沉积磁组构、放射性测年、地质雷达和浅层地震等多种方法来探讨现代沉积环境及相关沉积物特征、微体古生物群形成机理研究河口三角洲的垂直地层层序，及浅层地震法查清全研究层的地层结构特征，从而查明了长江三角洲晚第四纪，特别是末次盛冰期以来的发育历史，尤其是揭示了三角洲主体及其两翼各自的特征和冰后期早期海侵的存在，阐述了宽阔大陆架大型河口三角洲晚第四纪的发育特点。

在同时期许世远对长江三角洲地区的风暴沉积进行了专门研究，出版了《长江三角洲地区风暴沉积研究》一书，来阐述他的研究成果。

（3）黄河口的研究

黄河是我国第二条大河，以水少、沙多，暴涨暴落、善冲善淤，河口尾闾经常摆动而闻名于世。因此，我国有关各界对黄河口的演变给予了许多特别的关注。但 20 世纪 80 年代之前，很少见到有关黄河口及其演变的文章。到了 20 世纪 80 年代，由于胜利油田的开发进入了重要阶段，与之相应的黄河海港建设也提到日程上来，也就在此时，全国海岸带和滩涂资源调查也在黄河三角洲地区开展了起来。因此，可以说，黄河口的调查研究工作就开始有序地、大规模地开展起来了。除了大规模调查之外，还组织了“国家自然科学基金重大项目”“八五攻关项目”“九七三”专项及中德合作综合研究。自此之后，有关黄河口的科研成果就纷纷发表了。

首先发表有关黄河河口演变的论文是庞家珍和司书亨的《黄河河口演变》一文，从 1979 年一直延续到 1982 年，分三篇发表在《海洋与湖沼》上。该文首次阐述了近代河口的历史演变过程、河口水文特征、河口冲淤变化及河口演变对黄河下游的影响。在该文中首次提出黄河口演变的“大循环”和“小循环”的概念。

大循环的概念是“最初（河）行三角洲东北方向（第一次变迁），次改行三角洲东或东南方向（第二次、第三次变迁），然后急转改行三角洲北部（第四次、第五次变迁），完成一次河流流路横扫三角洲的演变周期，称为大循环。

在每一条具体的流路演变阶段上，河口的变迁摆动，又是由河口向上游方向发展演变出汊改道点逐渐上移，经过若干的时段小三角洲变迁，从而使流路充分发育成熟以至衰亡，向下一次改道演进，称此为小循环”（庞家珍等，1979）。

上述的庞家珍等人的“大循环”“小循环”的概念，尚不够清晰，特别是“小循环”的概念表达尚不够充分。在王恺忱（2010）出版的《黄河口的演变与治理》一书中有了更清楚、更科学的表达：

“黄河尾闾演变，在三角洲的范围内，平面上则表现为各次流路不相重复的循环演变形式……，此种在三角洲洲面上流路改道循环演变过程通常称为大循环。”

“一般情况下一条尾闾流路在其演变发展过程中，平面河型的演变大体上常经历改道初期的游荡散乱—归股—单一顺直—弯曲—出汊摆动—再改道游荡散乱的循环过程，称之为小循环。”

在此之后先后出版的有关河口演变的专著有尹学良（1997）的《黄河口的河床演变》、曾庆华等人（1997）的《黄河口演变规律及整治》、李泽刚（2006）的《黄河近代河口演变基本规律与稳定入海流路治理》及前述的王恺忱（2010）的《黄河口的演变与治理》等书，诸多著作中以王恺忱的成就最为突出，该书除完善了上述“大循环”“小循环”的概念及演变规律外，还对河口的泥沙特性及河口沙嘴发育、下游河道及河口段冲淤规律进行了较深入的研究。

黄河河口段及口外海滨段的海洋水文动力及泥沙的调查研究，在这一时期取得了较大成绩。

首先，1984 年开始的“黄河口调查区的海岸带和滩涂资源综合调查”填补了该海区温、盐、海流的空白，为当地的油气田开发和港口建设提供了科学依据。在当时黄河港可研过程中，进行了若干测波点的短时间观测，并与相关海洋站资料进行相关分析，求得海港海域的波浪一般特征和设计波要素。与此同时对当地地貌及泥沙运动也进行了研究，最后形成了《胜利油田五号桩油码头工程海区自然环境资料汇编》[①]。这本汇编就成了后来出版的《东营港》（侯国本等，1993）和《黄河海港海洋环境》（周长江等，2001）编著的基础资料。这些自然环境资料都为黄河河口演变提供了科学依据。其中李泽刚对河口海域流场分析，特别对河口大嘴前急流区的分析研究最为有意义。“高速流中心”的存在为河口泥沙的扩散，为稳定河口尾闾流路提供了科学依据[②③]。

黄河口的海岸变迁与海岸侵蚀研究也取得不少成绩，如前所述，庞家珍等人 1980 年发表《黄河河口演变Ⅱ河口水文特征及泥沙淤积分布》一文就对其进行了初步讨论。1984 年洪尚池等人发表了《黄河口地区海岸线变迁情况分析》，该文根据收集到的海图、地形图、卫片、航片、钻孔资料及有关报告编绘了《黄河河口地区高潮线历史变迁图》，进而讨论了该区的海岸线的变化。同期王志豪等人（1984）进行了类似工作，并对海港选址提出了自己的意见。

近年来对黄河三角洲海岸侵蚀的研究，也因为社会经济发展的需要，有关单位也纷纷投入科研力量，取得不少成绩。其中，以燕峒胜等人的《黄河三角洲胜利滩海油区海岸蚀退与防护研究》一书为最突出。该书根据 50 余年滨州至河口的河口河道 56 个淤积断面，西起湾湾沟口、南至小清河口的黄河三角洲 350 千米岸线 36 个固定断面、500 平方千米黄河口拦门沙水下地形、14 000 平方千米黄河三角洲近海海域水下地形的重复测量资料及浪、潮、流、泥沙等多年积累的资料，全面系统地分析研究了黄河三角洲海岸冲淤状况，海滩剖面塑造及形成动态平衡剖面形成的条件，分析了海岸侵蚀成因，从而提出了相应的防护措施，所有这些都为黄河三角洲海岸的保护提供了科学依据。

---

① 胜利油田港口建设指挥部，1985，胜利油田五号桩油码头工程海区自然环境资料汇编。

② 李泽刚，1983，黄河口附近海区水文要素基本特征，黄委会水利科学研究所（该文 2000 年发表在《黄渤海海洋》第 3 期）。

③ 李泽刚，1988，黄河口外流场及其变化初步分析，黄委会水利科学研究所。

（4）珠江河口演变研究

珠江是我国第三条大河，珠江河口是典型的多汊道型河口。对该河口研究具有重要科学意义与实用价值。

如前所述，珠江口的研究可上溯到20世纪40年代，当时吴尚时等人发表了《珠江三角洲》一文，对珠江有三角洲发育给予了充分的肯定。此后，直至“文化大革命”结束前，有关珠江口的研究一直处于局部和某个别问题的研究。改革开放后，珠江河口的研究也进入了新的时代。其中除了不乏对某个河段、口门或某个问题的研究之外，还出版了一些河口演变方面的专著。其中李平日等（1991）、龙云作等（1997）从地质的角度来研究珠江三角洲，进而研究珠江三角洲的演化过程。而具体研究珠江河口演变的著作近年来就见到4部，这几部书各有特点，其中徐君亮等人1985年出版的《珠江口伶仃洋滩槽发育演变》一书，运用动力沉积学的方法，对伶仃洋滩槽发育演变规律进行研究，在河口的动力特性、沉积物的粒度特征、泥沙运动、沉积环境、浅滩分类及河口湾属性等方面提出一些新见解。

赵焕庭1990年出版了《珠江河口演变》一书。该书较系统地总结了此前的研究工作，他从地质、地貌和动力等多方面综合地研究珠江口的演变过程。

罗宪林等2002年出版了《珠江三角洲网河河床演变》一书。该书除了对珠江口演变做了一般叙述外，该书还率先详细论述了人类活动——河床采砂影响到网河顶部三水和马口分水、分沙的变化，从而影响到三角洲汊河水沙分配的变化、纵横剖面的变化，甚至影响到河床演变性质的变化。

李春初等人2004年出版了《中国南方河口过程与演变规律》一书。该书虽涉及长江口、南渡江口等河口问题，但主要还是讨论珠江河口的演变问题。李春初等人在讨论河口演变时提出了两个很重要的思想：一是“河口界面”说。他们说：河口本身应是一个界面，一个介于河流系统和海洋系统之间的界面，即陆-海界面。该界面时宽时窄，无时无刻不在自组织调整其界面过程，包括不断变换界面的位置、幅度和结构形式，以尽可能适应两侧河流系统和海洋系统的变化及其相互作用、相互影响，而且本身则有护卫各自系统的功能。二是“珠江河口陆海互动论”，作者提出：河口演变须注意历史陆海相互作用特点及变化。作者认为华南处于弱潮海区，弱潮环境下河口演变应考虑如下两种情况：一种是冰后期或全新世早—中期海面上升的影响。在海面上升过程中，河流动力不断向陆退缩，海洋动力不断向陆扩张，这就产生两种不同的过程，一是原来的河谷内的堆积体被破坏，原来三角洲废弃；二是在随海面上升，在波浪影响下，原河口被侵蚀下来物质随滨面的变动而向陆转移。这种滨面转移物可产生两种效应：一是充填在新的河口附近，形成溯源充填物；另一种是形成沙坝—潟湖海岸。另一种是全新世海侵结束后，海面较长期的处于相对稳定状态，则河口环境发生变化，河流作用逐渐加强，现代河口三角洲逐渐向海推进发展，作者认为珠江三角洲就是这样形成的。

除了上述大河口的研究取得了许多成就之外，许多中小河口研究也取得了不少成就。如钱塘江口、闽江口、鸭绿江口、滦河口等都做了许多工作，取得不少成绩，此处不多赘述。

（四）环境地质与灾害地质的调查研究

虽然说“海岸环境地质”和“海岸灾害地质”讨论的科学内容有一定的差异，但在实质上有许多相似之处，因此将两者放在一起讨论。

在我国“环境地质学”或“灾害地质学”作为一门独立的学科来研究是最近几十年的事，特别是在“联合国国际减灾十年”（1990—2000年）活动推动下，普遍开展起来，并逐渐形成一门独立的学科。虽然许多单项研究早已出现，但还构不成完整的、独立的学科形态。

在我国最早出版的有关海岸带地区的环境与灾害的书籍是赵德三主编的《山东沿海区域环境与灾害》一书。该书主要讨论了山东沿海地区的资源及其开发利用现状、自然灾害及生态环境等问题。在灾害中，除了讨论气象灾害之外，专门设海洋灾害和地质灾害两章。而在海洋灾害中专门讨论了风暴潮灾害和海水入侵灾害。书中特别区分海水入侵和咸水入侵两类，并详细讨论了海水入侵的分布、危害、形成原因等问题。总之，该书是我国出现比较早的海岸带灾害地质专著，其先导作用是显而易见的。

以“地质灾害”命名的出版物为1996年出版的詹文欢等的《华南沿海地质灾害》一书。该书除了讨论了沿海地区的地质灾害的形成条件、发育规律及典型地区的地质灾害外，还讨论了地质灾害的综合评价与防治问题。

2003年出版的谢先德等人所著的《广东沿海地质环境与地质灾害》一书。该书是广东省的“九五”重大科技攻关项目中的一项重要成果。该书从地球系统动力学的理论和方法论出发，以大量的数据、资料和图表阐述了广东沿海地质环境背景和环境质量、地质灾害特征、地质环境综合评价和地质灾害成因系统分析。同时还介绍了地质灾害数据库和地理信息系统，提出地质环境管理与地质灾害防治措施与建议。总之，从区域研究角度讲，该书是环境地质与灾害地质方面比较有代表性的著作。

2006年和2007年，海洋出版社先后出版了《中国海洋环境地质学》和《中国海岸带灾害地质特征及评价》。这两部书的出版，可以说中国海洋环境地质和海岸带灾害地质研究达到了一个新的高度。

刘锡清等人的《中国海洋环境地质学》一书是根据我国改革开放以来我国海洋地质战线上多年调查研究结果，系统地总结了我国环境地质学的研究成果，全面地论述了我国海洋地质环境特征、存在的基本环境地质问题，以及地质灾害的成因、机制、时空分布规律，并对海洋地质环境保护和整治途径进行了探讨。总之，该书试图从一个学科的角度来建立一个学科体系，并围绕该体系展开论述，因此，该书理论性、系统性较强。

李培英等人的《中国海岸带灾害地质特征及评价》一书则根据海岸带内的实际调查及多项专题研究的成果而形成的一部专著。在著述本书之前，首先编制了全国海岸带灾害地质图，其比例尺为1∶50万，全国共分8个图幅，编制了图幅说明。之后对中国海岸带的灾害地质特征进行系统讨论，书中还详细讨论了海岸带灾害地质的分区原则及其区域特征。书中专门讨论了海岸带灾害地质的评价方法，并对地质灾害风险进行评价，进行了海岸带灾害地质风险区划。书中还列举了四种海岸带地质灾害典型研究案例。总之，该书展示了我国海岸带灾害地质调查研究的新成果，初步形成了我国海岸带灾害地质学的理论体系，为海岸带的开发与保护、为重大海岸工程的规划与设计提供理论基础与科学依据。

（五）海岸侵蚀及其防护研究

海岸侵蚀是海岸沿岸输沙赤字引起的海岸向陆后退或岸滩蚀低的海岸过程。海岸侵蚀往往造成陆地的损失、村庄陷落、工程损毁、湿地破坏、浴场条件恶化，公路、防护林塌损等，正因为海岸侵蚀过程有时形成灾害，使国民经济和人们的生命财产受到严重损失，引起了人们对海岸侵蚀的关注与研究。

我国海岸侵蚀现象的出现比世界发达国家晚约二十年，我国对海岸侵蚀的研究，也较发达国家开始的晚。

我国第一篇全面论述我国海岸侵蚀的文章是1987年王文海发表的《我国海岸侵蚀原因及对策》一文。该文首先介绍了我国海岸侵蚀概况，接着分析了我国的海岸侵蚀原因。该文认为河流输沙减少是我国发生海岸侵蚀的重要原因之一，而河流输沙减少，也是多种原因造成的：河流尾闾改道、河流中上游的水利工程、滨海生态环境破坏，均能引起河流输沙减少；海岸采砂、海岸工程等是海岸侵蚀的重要原因；另外特殊的动力过程，如特殊的流系，风暴潮等均能引起海岸的强烈的侵蚀。王文海等人（1994）的“9216号强热带气旋”风暴期间山东海岸侵蚀情况的研究表明，在暴风浪作用的岸段，一个风暴过程的输沙量是该段海岸一般年份一年输沙量的1.08~5.90倍，说明风暴潮期间暴风浪对海岸的破坏作用是非常大的。

20世纪80年代末和90年代初，关于我国海岸侵蚀的文章大量出现，或者说海岸侵蚀的研究出现了一个高潮，其中夏东兴等人的《中国海岸侵蚀述要》概述了我国海岸侵蚀的情况，分析了形成原因，总结了我国海岸侵蚀的基本特征。该文认为，我国海岸侵蚀具有普遍性，但又以长江口为界，北重南轻；海岸侵蚀时间发生较短；人为影响显著。另外一篇研究全国海岸侵蚀的重要文章是季子修1996年发表的《中国海岸侵蚀特点及侵蚀加剧原因分析》一文，该文认为中国海岸侵蚀的特点有三：侵蚀现象的普遍性、侵蚀形式的多样性、海岸侵蚀有加剧发展的趋势。海岸侵蚀加剧的原因亦有三：①海洋动力增强引起海岸侵蚀加剧，其中又有三点：海平面上升；风暴潮加强；海滩生态破坏导致海洋动力加强。②沿岸输沙减少引起海岸侵蚀加剧。③海岸稳定性降低引起海岸侵蚀加剧。

就全国海岸侵蚀研究而言，其主要成果集中体现在陈吉余主编的《中国海岸侵蚀概要》一书中，该书集全国海岸科学工作者之力系统地总结了30年来全国海岸侵蚀研究成果，比较详细地描述了全国沿海省、市、区的海岸侵蚀情况，分析了侵蚀原因，并提出了治理措施。

就区域研究而言，秦皇岛地区，特别是旅游疗养区的海岸侵蚀及其治理的研究取得了不少成绩（徐海鹏等，1991；冯金良等，1999；丰爱平等，2007）。该区的研究，从地质学、地貌学、动力学、海岸工程学的角度研究秦皇岛地区的海岸侵蚀现状、侵蚀原因、修复治理措施，并在海岸侵蚀治理、海滩养护方面取得了一定的成绩。

另外一项重要区域海岸侵蚀成果是燕峒胜等人的《黄河三角洲胜利滩海油区海岸侵蚀与防护研究》一书（燕峒胜等，2006）。该研究是作者通过几十年在黄河口沿岸海域几十条测深剖面资料详细分析研究的结果，并用该结果指导黄河三角洲海岸的防护工作。

除上述重要成果外，虞志英等人（1994）对苏北海岸侵蚀的研究，罗章仁（1987）对华南沙质海岸侵蚀的研究等都取得了一定的成就。

在进行海岸侵蚀研究过程中，除了注意到砂质海岸和粉砂淤泥质海岸过程有区别外，还特别注意到淤泥和粉砂构成的海岸，由于其物理性质的差异而引起的海岸侵蚀过程的不同。表8给出了淤泥和粉砂质海岸的物理过程的异同。

表8不仅对研究海岸侵蚀具有重要意义，对研究淤泥质海岸和粉砂质海岸的泥沙运动也具有非常重要意义。

表8　淤泥质与粉沙质海岸在海岸物理过程上的比较

淤泥质海岸	粉砂质海岸
通常海床较稳定	通常海床有较高可动性
絮凝沉降，沉速较小且垂直分布均匀	絮凝不明显，悬沙级在垂向上有较大变化，沉速有分选现象，即近床面泥沙沉速较大，远床面沉速较小
泥沙运动形态主要为悬移和表层浮泥（软泥）在波浪诱导下的整体运动	悬移和以层移（Sheet flow）方式推移运动
初期沉积为浮泥，密实与固结缓慢	沉积物密实迅速
存在浮泥消浪机制，使得当有足外源泥沙供给时，岸滩淤涨	波浪破碎机制，使得在通常波能环境下岸滩一定处于侵蚀状态，直到达到平衡或稳定剖面（当有岸堤时）
岸滩常为缓或极缓坡（$\times10^{-3}$）	岸滩常为缓或极缓坡（$\times10^{-3}$）

（据金镠、虞志英，2010）

海岸侵蚀严重了就产生海岸侵蚀灾害，海岸侵蚀灾害可给国家和当地群众造成多方面的损失：大片土地被吞没，海岸工程遭受严重破坏，破坏沿海公路、国防设施、海滨浴场、海水养殖场、防护林等，有时甚至造成人员的伤亡（人类历史上屡见不鲜）。因此，研究海岸侵蚀灾害便成为科技工作者的重要任务之一。

王文海等人（1999）首先提出了海岸侵蚀灾害的评估方法，为了避免评估出现偏颇，在评估中采用相对损失率作为评价指标，用多个评价指标的加权平均作为评价评估区海岸侵蚀强度的指标，这就避免了用单一指标评价的片面性。

丰爱平等人（2003），提出用灾度因子来划分海岸侵蚀灾度等级，即：

$$G = \lg(LR \times DC) + 1$$

式中，LR 为土地损失量（公顷）；DC 为直接经济损失。

为了评价海岸侵蚀强度，丰爱平等根据海岸年蚀退速率和岸滩下蚀（蚀低）速率来划分海岸侵蚀强度（表 9）。

表 9　海岸侵蚀强度分级

强度级别	岸线后退速度 S（米/年）		滩地下蚀速率 P（厘米/年）
	砂质海岸	粉砂淤泥质海岸	
轻侵蚀	$S<1$	$S<5$	$P<5$
中侵蚀	$1\leqslant S<2$	$5\leqslant S<10$	$5\leqslant P<10$
强侵蚀	$2\leqslant S<3$	$10\leqslant S<15$	$10\leqslant P<15$
严重侵蚀	$S\geqslant 3$	$S\geqslant 15$	$P\geqslant 15$

（据陈吉余等，2010）

表 9 给出了描述和评价海岸侵蚀强度的标准，从而有利于海岸侵蚀研究过程中海岸侵蚀强度的统一概念，不至于导致概念的混乱。

强烈的海岸侵蚀造成了人们生命财产的损失，必然导致人们对海岸侵蚀的防范，从而产生了各式各样的防护工程。常见的防护建筑物有护岸墙（包括直立式、斜坡式、混合式等）、离岸堤（岛式防波堤）、丁坝群、抛石护岸等，这些防护工程虽然出现的历史悠久，但由于近年来加强了海岸泥沙运动和海岸演变过程的研究，加强了海岸防护建筑物与波浪相互作用的研究，加强了海岸防护建筑物与海岸生态关系的研究，并将上述研究成果应用到海岸防护工程中去，在防护工程中软基处理、防冲技术、土工织物冲沙（泥）袋堤心技术的应用，使我国的海岸防护技术有了很大的进步。

砂质海岸的侵蚀，往往威胁旅游区海滨浴场的存在价值，因此，修复治理旅游区海滨浴场显得特别急迫。经过多年研究和借鉴外国海滩治理经验，我国也开展了海滨浴场综合治理研究，并取得了较多的成果，秦皇岛北戴河海滨浴场就是一个典型的例子。

秦皇岛北戴河浴场是全国著名的旅游区和疗养区的重要活动场所之一。金山嘴至老虎石岸段 1954 年至 1980 年除部分岸段（老虎石东湾）微涨外，其余岸段微侵，侵蚀速率为 1.03 米/年，1980 年以后侵蚀速率在 2.0 米/年左右，其结果使疗养院海滩变窄，坡度变陡，物质粗化，浴场价值受到严重影响。因此，开展了海滩的治理工作。治理工作是从两方面进行的：一方面造人工海滩，即养滩工程，按设计要求，向受破坏的海滨浴场补砂、造人工海滩；另一方面造人工岬角和修建人工离岸潜堤，以改善海滨浴场动力条件，保持海滩稳定，同时还修造了水下人工沙堤。人工海滩和防护建筑物形成之后，便产生了新的动力场，这个新动力场和人造海滩之间，经过一段相互调整适应过程，逐渐达到平衡。这种自我调适过程至少需 1~2 年时间。经过 1 年的观测结果表明，海滩整治结果还是令人满意的，海滩剖面基本稳定，达到了养滩工程的预期效果。

在淤泥质海岸建人工沙质海滩研究也取得了重要成果。

徐啸等人（2012）研究了在海州湾南侧淤泥质海岸建造人工海滩的可能性并取得重要成果。

研究海岸位于海湾西南海岸西墅至临洪河之间的废黄河口海岸侵蚀物质随沿岸北上进入海州湾西南部的沉积区，是典型的淤泥质海岸。研究结果表明，在该类海岸建造沙质海滩需进行以下几项工程：造人工海滩的岸滩首先要清淤，研究表明清淤不仅改善景观的视觉效果，而且增大近岸水深，从而增强近岸的波浪力，增强了泥沙的活动能力，从而使细颗粒物质不致落淤，避免海滩泥化；第二项工程是在设计的人造海滩两侧各建一突堤，使人造海滩海域形成半封闭水域，这种海湾的口门的法线方向应与强浪向一致，以保证湾内有足够大的波浪，突堤堤头应放在理论基面 1.0 米或 2.0 米，与海湾自然水深衔接。双突堤既减缓近岸沿流强度，也拦截了沿岸运动入浴场的泥沙。上述工程既能形成人工浴场沙滩，也能解决沙滩泥化问题。当然突堤环抱的水域内，特别是波浪破碎以外水域内会有一定的淤积，其淤积强度主要取决双突堤口门外水域的含沙量。

总之，双突堤加清淤工程在淤泥质海岸建人工沙滩浴场方案是可行的。徐啸等人的研究为在淤泥质建人工沙质浴场提供了可能性。

参考文献

安志敏.1962.记旅大市的两处贝丘遗址.考古,(1).
白云译注.2015.史通.北京:中华书局.
蔡爱智,李星元.1964.海南岛南岸珊瑚礁的若干特点.海洋与湖沼,6(2).
蔡爱智.1978.论芝罘连岛沙坝的形成.海洋与湖沼,9(1).
蔡爱智.1983.中国海岸风沙沉积的成因与特征.中国沙漠,3(3).
蔡爱智.1985.山东龙口湾的泥沙来源和连岛沙坝的形成//中国海洋湖沼学会,河口海岸学会.海岸河口区动力、地貌、沉积过程论文集.北京:科学出版社.

蔡锋,戚洪帅,夏东兴.2008.华南海滩动力地貌过程.北京:海洋出版社.
蔡锋,苏贤泽,刘建辉, 等.2008.全球气候背景下我国海岸侵蚀问题及防治对策.自然科学进展, 18(10).
蔡锋,等.2015.中国海滩养护技术手册.北京:海洋出版社.
陈国达.1948.中国南部复式海岸线成因一解.学源,2(1).
陈国达.1950.中国岸线问题.中国科学,1(3).
陈洪禄.1962.对海滨砂矿富集规律的几点认识//中国地理学会.一九六一年地貌学术讨论会论文摘要.北京:科学出版社.
[清]陈伦炯.2012.海国闻见录//孙光圻.中国航海史基础文献汇编.第三卷.北京:海洋出版社.
陈吉余.1957.长江三角洲江口段的地形发育.地理学报,23(3).
陈吉余,虞志英.1959.长江三角洲地貌发育.地理学报,25(3).
陈吉余,王宝灿.1960.渤海湾淤泥质海岸(海河口—黄河口)剖面塑造过程//上海市科技论文集编委会.1960年上海市科技论文集.上海:上海科学技术出版社.
陈吉余.1962.论部门地貌学的发展途径——以河口、海岸地貌为例//中国地理学会.一九六一年地貌学术讨论会论文摘要.北京:科学出版社.
陈吉余,罗祖德,陈德昌,等.1964.钱塘江口沙坎形成及其历史演变.地理学报,30(2).
陈吉余,恽才兴,徐海根,等.1979.两千年来长江口发育的模式.海洋学报,1(1).
陈吉余.1979.历史时期苏北海岸变迁.上海师大河口海岸研究所.
陈吉余.1981.海岸地貌//中国科学院《中国自然地理》编辑委员会.中国自然地理・地貌.北京:科学出版社.
陈吉余.1982.历史时期的海岸变迁//中国科学院《中国自然地理》编辑委员会.中国自然地理・历史自然地理.北京:科学出版社.
陈吉余.1985.海岸河口研究三十年//中国海洋湖沼学会河口海岸学会.海岸河口区动力、地貌、沉积过程论文集.北京:科学出版社.
陈吉余, 朱慧芳,董永发,等.1990.长江河口及其水下三角洲的发育//中国海洋湖沼学会河口海岸学会.海岸河口研究.北京:海洋出版社.
陈吉余.1996.中国河口海岸研究回顾与展望.华东师范大学学报(自然科学版),(1).
陈吉余.2000.陈吉余(伊石)从事河口海岸研究五十五周年论文选.上海:华东师范大学出版社.
陈吉余.2007.中国河口海岸研究与实践.北京:高等教育出版社.
陈吉余.2010.中国海岸侵蚀概要.北京:海洋出版社.
陈沈良,张国安,谷国权.2004.黄河三角洲海岸侵蚀机理及治理对策.水利学报,(7).
陈雪英,王文海,吴桑云.2000.近年风暴潮对山东海岸及海岸工程的影响.海岸工程,19(2).
陈则实,王文海,吴桑云.2007.中国海湾引论.北京:海洋出版社.
陈宗镛.1996.中国沿海相对海面变化//赵希涛.中国海面变化.济南:山东科学技术出版社.
陈子霞,徐敏福,林伯维.1984.连岛坝形成规律及其在港口建设中的应用.海洋学报,6(1).
陈子燊,李春初.1990.弧形海岸中间过渡带海滩剖面的地貌动态分析.海洋科学,(2).
陈子燊,李春初,罗章仁.1991.广东水东湾弧形海岸切线段海滩剖面过程的分析.海洋学报,13(1).
陈子燊,李春初.1993.粤西水东弧形海岸海滩剖面的地貌形态.热带海洋,12(2).
陈子燊.1995.弧形海岸海滩地貌对台风大浪的响应特征.科学通报,40(23).

陈子燊.1996.波控弧形海湾近岸平衡剖面特征分析.热带海洋,15(1).
陈子燊.2000.海滩剖面时空变化过程分析.海洋通报,19(2).
成国栋,等.1962.粤西海滨沙矿的分布规律(摘要).海洋与湖沼,4(1-2).
丁锡祉.1958.辽宁海岸的升降问题.中国第四纪研究,1(1).
范兆木,等.1992.黄河三角洲沿岸遥感动态分析图集.北京:海洋出版社.
方宗岱.1952.平均海面呈上升趋势.自然科学,2(1).
丰爱平,夏东兴.2003.海岸侵蚀灾情分析.海岸工程,22(2).
丰爱平,夏东兴,谷东起,等.2006.莱州湾南岸海岸侵蚀过程与原因研究.海洋科学进展(特刊).
丰爱平,等.2007.秦皇岛海岸侵蚀研究及评价//李培英等.中国海岸带灾害地质特征及评价.北京:海洋出版社.
冯金良,崔之久,邸明慧,等.1999.秦皇岛侵蚀性海滩的演化与保护.海岸工程,18(4).
冯志强,等.2002.广东大亚湾海洋地质环境综合评价.武汉:中国地质大学出版社.
傅命佐,徐孝诗,程振波,等.1994.黄、渤海海岸季节性风沙气候环境.中国沙漠,14(1).
傅命佐,徐孝诗,徐小薇,等.1997.黄、渤海海岸风沙地貌类型及其分布规律和发育模式.海洋与湖沼,28(2).
高明,涂白奎.2008.古文字类编.上海:上海古籍出版社.
高振西.1942.福建之山脉水系及海岸.福建省地质土壤调查所年报,2号.
[晋]葛洪著,谢青云译注.2017.神仙传.北京:中华书局.
巩珍,向达 .2000.西洋番国志、郑和航海图、两种海道针经.北京:中华书局.
[清]顾祖禹.2008.读史方舆纪要.北京:中华书局.
[清]郭庆藩撰,王孝鱼点校.2013.庄子集释.北京:中华书局.
[晋]郭璞注,[宋]邢昺疏.2010.尔雅注疏.上海:上海古籍出版社.
[晋]郭璞注,[清]郝懿行笺疏,沈海波校点.2015.山海经.上海:上海古籍出版社.
郭永盛.1962.淤泥质海岸潮间浅滩成因类型的初步探讨.地理(6)//全国首次海洋科学学术会议部分论文摘要.海洋与湖沼,4(1-2).
国家海洋局第一海洋研究所《胶州湾自然环境》编写组.1984.胶州湾自然环境.北京:海洋出版社.
洪尚池,吴致尧.1984.黄河口地区海岸线变迁情况分析.海洋工程,(2).
侯国本,等.1993.东营港.北京:海洋出版社.
侯仁之.1957.历史时期渤海湾西部海岸线的变迁.地理学资料,1期.北京:科学出版社.
胡敦欣,韩舞鹰,章申,等.2001.长江、珠江口及邻近海域陆海相互作用.北京:海洋出版社.
胡方西,胡辉,谷国传.2002.长江口锋面研究.上海:华东师范大学出版社.
胡伦积.1946.中国海岸线.地学集刊,4(1).
黄春海.1965.黄河三角洲地貌与农业关系//中国地理学会.1963年年会论文集(地貌学).北京:科学出版社.
黄晖.论衡校释.2009.北京:中华书局.
黄汲清.1928.中国沿海地带之地文变迁.北京大学地质研究会会刊,(3).
黄金森.1965.海南岛南岸与西岸珊瑚礁海岸.科学通报,(1).
黄金森,黄树仁,等.1975.海南岛珊瑚礁//中国科学院南海海洋研究所.南海海岸地貌论文集,第二集.

黄胜.1963.潮汐河口类型商榷//中国海洋湖沼学会.1963年学术年会论文摘要汇编.北京:科学出版社.
黄玉昆.1974.华南沿海第四纪以来的升降问题.中山大学学报(自然科学版),(2).
黄镇国,等.2000.广东海平面变化及其影响与对策.广州:广东科技出版社.
季子修.1996.中国海岸侵蚀特征及侵蚀加剧原因分析.自然灾害学报,5(2).
金冲及.2009.二十世纪中国史纲.北京:社会科学文献出版社.
金镠,虞志英.2010.我国海岸的防护//载陈吉等.中国海岸侵蚀概要.北京:海洋出版社.
金元欢,沈焕庭,陈吉余.1990.中国入海河流诹议.海洋与湖沼,21(2).
[三国]康泰,扶南传,[宋]李昉,等.2008.太平御览.上海:上海古籍出版社.
[汉]孔安国传,[唐]孔颖达正义.2014.尚书正义.上海:上海古籍出版社.
孔凡礼点校.2018,苏轼文集.北京:中华书局.
李炳元,李钜章.1994.中国1∶400万地貌图.北京:科学出版社.
李长傅.1922.浙江海岸变迁之研究.地学杂志,(4-5).
李春初, 罗宪林,张镇元,等.1986.粤西水东沙坝潟湖海岸体系的形成与演化.科学通报,(20).
李春初,应秩甫,杨干然,等.1990.粤西水东湾潮汐通道——落潮三角洲的动力地貌过程.海洋工程,8(2).
李春初,等.2004.中国南方河口过程与演变规律.北京:科学出版社.
李从先,杨学君.1965.淤泥质海岸潮间浅滩的形成与演变.山东海洋学院学报,(2).
李从先,陈刚,高曼娜,等.1982.砂坝—潟湖体系的沉积和发育.海洋地质研究,2(1).
李从先,汪品先,等.1998.长江晚第四纪河口地层学研究.北京:科学出版社.
[唐]李吉甫撰,贺次君点校.2008.元和郡县图志.北京:中华书局.
李乃胜,等.2010.中国海洋科学技术史研究.北京:海洋出版社.
李培英,等.2007.中国海岸带灾害地质特征及评价.北京:海洋出版社.
李平日,等.1991.珠江三角洲一万年来环境演变.北京:海洋出版社.
李庆远.1935.中国海岸线之升降问题.地理学报,2(2).
李善为,刘敏厚,王永吉,等.1985.山东半岛海岸的风成沙丘.黄渤海海洋,3(3).
李世瑜.1962-3-31.天津一带古海岸线遗迹的调查.河北日报 .
李世瑜.1962.古代渤海湾西部海岸遗迹及地下文物的初步调查研究.考古,(12).
李泽刚.1983.黄河口附近海区水文要素基本特征.黄渤海海洋,(3).
李泽刚.1984.黄河三角洲附近潮流分析.海洋通报,(5).
李泽刚.1988.黄河口外流场及其变化初步分析.黄委会水利科学研究所.
李泽刚.2006.黄河近代河口演变基本规律与稳定入海流路治理.郑州:黄河水利出版社.
[北魏]郦道元注,王国维校.1984.水经注校.上海:上海人民出版社.
[清]梁钜章.2007.浪迹续谈.北京:中华书局.
林华东.1992.河姆渡文化初探.杭州:浙江人民出版社.
林观得.1959.福建海岸变化新观察(初稿).中国第四纪研究,2(1).
林惠来.1982.台湾海峡西岸历史风沙的初探.台湾海峡,1(2).
林景星.1977.华北平原海进海退现象的初步认识.地质学报,(2).
刘敏厚,吴世迎,王永吉,等.1987.黄海晚第四纪沉积.北京:海洋出版社.

[东汉]刘熙撰,[清]毕沅疏证,王先谦补.2012.释名疏证补.北京:中华书局.
刘锡清,等.2006.中国海洋环境地质学.北京:海洋出版社.
刘以宣.1962a.粤东海岸升降问题的新认识//中国地理学会.1961年地貌学术讨论会论文摘要.北京:科学出版社.
刘以宣.1962b.粤中海岸升降问题的初步研究//广东省地理学会.1962年年会论文.
刘振夏.1983.江苏潮流沙的粒度特征及其沉积环境的研究.海洋地质与第四纪地质,3(4).
刘振夏,夏东兴.1983.潮流脊的初步研究.海洋与湖沼,14(3).
刘振夏,夏东兴,汤毓祥.1994.渤海东部全新世潮流沉积体系.中国科学,24(12).
刘振夏,夏东兴.1995.潮流沙脊水力学问题探讨.黄渤海海洋,13(4).
刘振夏.1996.中国陆架潮流沉积研究新进展.地球科学进展,11(4).
刘振夏,夏东兴,王揆洋.1998.中国陆架潮流沉积体系与模式.海洋与湖沼,29(2).
刘振夏,夏东兴.2004.中国近海潮流沉积沙体.北京:海洋出版社.
罗玉堂,章文溶.1965.辽河三角洲平原地貌的特征和发育过程及其对农业的意义//中国地理学会.1963年年会论文选集(地貌学).北京:科学出版社.
罗宪林,李春初,罗章仁.2000.海南岛南渡江三角洲的废弃与侵蚀.海洋学报,22(3).
罗宪林,等.2002.珠江三角洲网河河床演变.广州:中山大学出版社.
罗章仁.1987.华南沙质海岸侵蚀后退的初步研究.广东土地,(1,2).
罗章仁,应秩甫,等.1992.华南港湾.广州:中山大学出版社.
罗章仁,罗宪林.1995.海南岛人类活动与沙质海岸侵蚀//南京大学海岸与海岛开发国家试点实验室.海平面变化与海岸侵蚀专辑——南京大学海岸与海岛开发国家试点实验室年报(1991-1994).南京:南京大学出版社.
龙云作,等.1997.珠江三角洲沉积地质学.北京:地质出版社.
卢玉东,孙建中.1997.秦皇岛地区海岸侵蚀与淤积因素分析.海洋地质与第四纪地质,17(4).
陆人骥.1984.中国历代灾害性海潮史料.北京:海洋出版社.
马廷英.1936.造礁珊瑚与中国沿海珊瑚礁的成长率.地质论评,1(3).
马廷英.1938.亚洲最近地质时期的气候变迁与第四纪后期冰川消长的原因及海底地形问题.地质论评,3(2).
马廷英.1942a.闽海岸化石蟹穴之初步研究.中国地理研究所海洋集刊,1册.
马廷英.1942b.闽海岸线之变动.中国地理研究所海洋集刊,1册.
马廷英.1942c.闽海岸线之变动与亚洲第四纪冰川之关系.中国地理研究所海洋集刊,1册.
马廷英.1942d.闽南海岸线之变动与恢复已废之旧晒外坎问题.中国地理研究所海洋集刊,2册.
马廷英.1946.澎湖群岛珊瑚礁考察记.台湾省海洋研究所研究集刊,1号.
马廷英.1947.台湾南部海底地形及其地质意义.台湾省海洋研究所研究集刊,2号.
马廷英.1948.高雄上更新统造礁珊瑚及其地质上之意义(节要).地质论评,13(3-4).
[汉]毛亨传,[汉]郑玄笺,[唐]孔颖达疏,[唐]陆德明音释.2013.毛诗注疏.上海:上海古籍出版社.
纳乌莫夫 ДВ,颜京松,黄明显.1960.海南岛珊瑚礁的主要类型.海洋与湖沼,3(3).
潘树荣,徐希扬,温伟英.1965.西江河口红树林荒滩的自然地理基本特征.中山大学学报(自然科学版),(1).

庞家珍,司书亨.1979.黄河河口演变Ⅰ.近代历史变迁.海洋与湖沼,10(2).
庞家珍,司书亨.1980.黄河河口演变Ⅱ.河口水文特征及泥沙淤积分布.海洋与湖沼,11(4).
庞家珍,司书亨.1982.黄河河口演变Ⅲ.河口演变对黄河下游的影响.海洋与湖沼,13(3).
钱宁,谢汉祥,周志德,等.1964.钱塘江河口沙坎的近代过程.地理学报,30(2).
钱宁,张仁,周志德,等.1989.河床演变学.北京:科学出版社.
曲绵旭,王文海,鄄鉴章.1995.龙口湾自然环境.北京:海洋出版社.
全国海岸带和海涂资源综合调查成果编委会.1991.中国海岸带和海涂资源综合调查报告.北京:海洋出版社.
任美锷.1964.珠江河口动力地貌特征及海滩的利用问题.南京大学学报(自然科学版),8(1).
任美锷,张忍顺.1984.潮汐汊道的若干问题.海洋学报,6(3).
任美锷.1988.全球气候变化与海平面上升问题.科学杂志,40(4).
任明达,梁绍霖.1965.秦皇岛地区砾石质沿岸堤的成因.地质论评,23(3).
萨莫依洛夫 ИВ.1958.中国海港的洄淤问题.水利学报,(2).
上海古籍出版社,上海书店.1991a.二十五史・元史[缩印本].上海:上海古籍出版社,上海书店.
上海古籍出版社,上海书店.1991b.二十五史・明史[缩印本].上海:上海古籍出版社,上海书店.
上海古籍出版社,上海书店.1991c.二十五史・宋史[缩印本].上海:上海古籍出版社,上海书店.
[北宋]沈括著,王骧注.2011.梦溪笔谈注.镇江:江苏大学出版社.
沈焕庭,潘定安.2001a.长江河口最大浑浊带.北京:海洋出版社.
沈焕庭,等.2001b.长江河口物质通量.北京:海洋出版社.
沈焕庭,茅志昌,朱建荣.2003.长江河口盐水入侵.北京:海洋出版社.
沈焕庭,等.2009.长江河口陆海相互作用界面.北京:海洋出版社.
胜利油田管理局,青岛海洋大学.1993.埕岛油田勘探开发海洋环境.青岛:青岛海洋大学出版社.
[汉]司马迁撰,[宋]裴骃集解,[唐]司马贞索引,[唐]张守节正义.2013.史记.北京:中华书局.
[汉]司马相如.2005.上林赋文选.卷第八.上海:上海古籍出版社.
司徒尚纪.1993.简明中国地理学史.广州:广东省地图出版社.
寿荫.1962-8-21.关于天津一带古海岸动态的几个问题与李世瑜、声声两同志商榷.河北日报.
宋正海,郭永芳,陈瑞平.1986.中国古代海洋学史.北京:海洋出版社.
[汉]宋衷注,邹潢校.2015.世本八种.北京:中华书局.
苏秉琦.2010.中国远古时代.上海:上海人民出版社.
孙光圻.2005.中国古代航海学史(修订版).北京:海洋出版社.
孙效功,杨作升,陈彰榕.1993.现行黄河口海域泥沙冲淤的定量计算及其规律探讨.海洋学报,(1).
孙中山.2011.建国方略.北京:中华书局版.
谭其骧.1960-11-15.关于上海地区的成陆年代.文汇报.
谭其骧.1965-10-08.历史时期渤海海湾西岸的大海侵.人民日报.
谭其骧.1972-3-29.再论历史时期上海市的海陆变迁——参观上海出土文物展览会后想到的一些看法.文汇报.
谭其骧.1973.上海市大陆部分的海陆变迁和开发过程.考古,(1).
唐锡仁,杨文衡.2000.中国科学技术史.地学卷.北京:科学出版社.

天津市文化局考古发掘队.1966.渤海湾西岸考古调查和海岸线变迁.历史研究,(1).

同济大学海洋地质系三角洲科研组.1978.全新世长江三角洲的形成和发育.科学通报,23(5).

[元]汪大渊,苏继庼.2009.岛夷志略校释.北京:中华书局.

[魏]王弼注,[晋]韩康伯注,[唐]孔颖达疏,[唐]陆德明音义.2013.周易注疏.北京:中央编译出版社.

王宝灿,虞志英,刘苍字,等.1980.海州湾岸滩演变过程和泥沙流方向.海洋学报,2(1).

王宝灿,陈沈良,龚文平,等.2006.海南岛港湾海岸的形成与演变.北京:海洋出版社.

王宠.1956.福建海岸形成过程的初步推断.福建师范学院学报,1(1).

王凡,许炯心,等.2004.长江、黄河口及邻近海域陆海相互作用若干重要问题.北京:海洋出版社.

[晋]王嘉撰.1995.拾遗记,山海经外二十六种.上海:上海古籍出版社.

王开荣,茹玉英,王恺忱.2007.黄河口研究及治理.郑州:黄河水利出版社.

王恺忱.1982.潮汐河口分类的探讨//海洋工程学术会议论文集.北京:海洋出版社.

王恺忱.2010.黄河口的演变与治理.郑州:黄河水利出版社.

王琦,吕亚男,张建华.1978.山东省日照县近岸沉积物的来源及扩散方向.山东海洋学院学报,(2).

王文海.1987.我国海岸侵蚀原因及其对策.海洋开发,(1).

王文海,吴桑云.1993.山东省海岸侵蚀灾害.自然灾害学报,2(4).

王文海, 吴桑云,陈雪英.1994.山东省 9216 号强热带气旋风暴期间的海岸侵蚀灾害.海洋地质与第四纪地质,14(4).

王文海,吴桑云.1996a.山东省的海岸侵蚀灾害.海岸工程,15(1).

王文海,吴桑云.1996b.中国海岸侵蚀灾害//纪念王乃梁先生诞辰 80 周年筹备组.地貌与第四纪环境研究文集.北京:海洋出版社.

王文海,吴桑云,陈雪英.1999.海岸侵蚀灾害评估方法探讨.自然灾害学报,8(1).

王文介.1984.华南沿海潮汐汊道类型、特征的初步研究//南海海洋研究所.南海海洋科学集刊(5).北京:科学出版社.

王文介,李绍宁.1988.清澜沙坝—潟湖—潮汐通道体系的沉积环境和沉积作用.热带海洋,7(3).

王颖.1962.中国粉砂淤泥质平原海岸的发育因素及贝壳堤形成条件//中国地理学会.地貌学术讨论会论文摘要.北京:科学出版社.

王颖.1964.渤海湾西部贝壳堤与古海岸线问题.南京大学学报(自然科学版),(3).

王颖,朱大奎,顾锡和.1964.渤海湾西南部岸滩特征//中国海洋湖沼学会.1963 年学术年会论文摘要汇编.北京:科学出版社.

王颖.1963.渤海湾北部海岸动力地貌.海洋文集,(3).

王颖.1998.海南潮汐汊道港湾海岸.北京:中国环境科学出版社.

王颖.2002.黄海陆架辐射沙脊群.北京:中国环境科学出版社.

王颖.2014.南黄海辐射沙脊群环境与资源.北京:海洋出版社.

王志豪.1984.黄河三角洲的变迁与黄河口油港港址的选择.海岸工程,3(2).

王志豪,黄世光.1988.利用近年施测海图及古海图研究黄河三角洲变迁.海岸工程,7(2).

吴桑云.1986.屺岛连岛沙坝发育初探.黄渤海海洋,4(1).

吴桑云,王文海,丰爱平,等.2011.我国海湾开发活动及其环境效应.北京:海洋出版社.

吴尚时.1935.广州漏斗湾至杭州漏斗湾地形初步研究.中山大学地理系地理集刊,2 期.

吴尚时,曾昭璇.1948.珠江三角洲.岭南学报,8(1).
吴正.1987.海南岛东北部海岸沙丘的沉积构造特征及其发育模式.地理学报,42(2).
吴正,王为.1990.华南海岸沙丘岩的特征及形成发育模式.第四纪研究,(4).
吴正, 黄山,金志敏.1994.华南沿海老红砂的成因与红化作用.地理学报,49(4).
吴正, 吴克则,黄山.1995a.华南沿海全新世海岸沙丘研究.中国科学,B 辑,25(2).
吴正, 黄山,胡守真,等.1995b.华南海岸风沙地貌研究.北京:科学出版社.
[宋]吴自牧.2004.梦梁录.西安:三秦出版社.
夏东兴,刘振夏.1983.我国邻近海域的水下沙脊.黄渤海海洋,1(1).
夏东兴,刘振夏.1984.潮流脊的形成机制和发育条件.海洋学报,6(3).
夏东兴,王文海,武桂秋,等.1993.中国海岸侵蚀述要.地理学报,48(5).
夏东兴,刘振夏,王揆洋.1995.渤海东部更新世以来的沉积环境.海洋学报,17(2).
夏真,林进清,郑志昌.2004.深圳大鹏湾海洋地质环境综合评价.北京:地质出版社.
谢先德,朱照宇,覃慕陶,等.2003.广东沿海地质环境与地质灾害.广州:广东科技出版社.
熊绍隆.2011.潮汐河口河床演变与治理.北京:中国水利水电出版社.
徐海鹏,孔繁德.1991.秦皇岛全新世海岸的演化和现代海岸的保护.北京大学学报,自然科学版,(6).
徐鸿儒.2004.中国海洋学史.济南:山东教育出版社.
[唐]徐坚,等.2010.初学记.北京:中华书局.
[宋]徐兢.2012.宣和奉使高丽图经//孙光圻.中国航海史基础文献汇编.第三卷.北京:海洋出版社.
徐君亮, 李永兴,蔡福祥,等.1985.珠江口伶仃洋滩槽发育演变.北京:海洋出版社.
徐啸,佘小建,毛宁,等.2012.人工沙滩研究.北京:海洋出版社.
[汉]许慎著,张三夕导读,刘果整理.2011.说文解字 注音版.长沙:岳麓书社.
许世远.1997.长江三角洲地区风暴沉积研究.北京:科学出版社.
许维遹撰,梁运华整理.2013.吕氏春秋集释.北京:中华书局.
烟台市文物管理委员会,中国社会科学院考古研究所.1997.山东蓬莱、烟台、威海、荣成市贝丘遗址调查简报.考古,(5).
[明]严从简著,余思黎点校.2009.殊域周咨录.北京:中华书局.
燕峒胜,蒲高军,张建华,等.2006.黄河三角洲胜利滩海油区海岸蚀退与防护研究.郑州:黄河水利出版社.
杨伯峻.2008.列子集释.北京:中华书局.
杨干然.1995.海岸动力地貌学研究及其在华南港口建设中的作用.广州:中山大学出版社.
杨怀仁,谢志仁.1984.中国东部 20 000 年来的气候波动与海面升降运动.海洋与湖沼,15(1).
杨怀仁,陈西庆.1985.中国东部第四纪海面升降、海侵海退与岸线变迁.海洋地质与第四纪地质,5(4).
杨金森,范中义.2005.中国海防史.北京:海洋出版社.
[宋]杨万里.2007.杨万里笺校.北京:中华书局.
杨文鹤,陈伯镛,王辉.2003.二十世纪中国海洋要事.北京:海洋出版社.
叶汇.1963.华南海岸升降问题一些新认识.中山大学学报(自然科学版),(3).
尹学良.1997.黄河口的河床演变.郑州:黄河水利出版社.
虞志英,张勇,金镠.1994.江苏北部开敞淤泥质海岸的侵蚀过程及防护.地理学报,49(2).

于宝林.2010.中华历史纪年总表.北京:社会科学文献出版社.
[东汉]袁康,吴平辑录,俞纪东译注.1996.越绝书全译.贵阳:贵州人民出版社.
袁靖.1995.关于中国大陆沿海地区贝丘遗址研究的几个问题.考古,(12).
袁运开,周瀚光.2000.中国科学思想史.合肥:安徽科学技术出版社.
[宋]乐史撰,王文楚等点校.2007.太平寰宇记.北京:中华书局.
恽才兴.1962.以护岸围垦为例探讨河口海岸地貌学为农业服务的问题//中国地理学会.1961年地貌学术讨论会论文摘要.北京:科学出版社.
恽才兴.2004.长江河口近期演变基本规律.北京:海洋出版社.
曾呈奎,徐鸿儒,王春林.2003.中国海洋志.郑州:大象出版社.
曾庆华.1997.黄河口演变规律及整治.郑州:黄河水利出版社.
曾昭岷,曹济平,王兆鹏,等.1999.全唐五代词.北京:中华书局.
曾昭璇.1957a.我国南海沿岸大陆最近升降问题.地理学报,23(2).
曾昭璇.1957b.韩江三角洲.地理学报,23(3).
曾昭璇.1957c.珠江三角洲附近地貌类型.华南师范学院学报,(2).
曾昭璇.1958.南海沿岸最近升降问题.中国第四纪研究,1(1).
曾昭璇,张人杰.1965.河口区红树林海岸地形演变及其农业评价.华南师范学院科研论文集.
郑文振.1999.我国海平面年速率的分布和长周期分潮的变化.海洋通报,18(4).
詹文欢,钟建强,刘以宣.1996.华南沿海地质灾害.北京:科学出版社.
张海启,朱尔勤.1993.褚岛连岛沙坝的形成与演变.青岛海洋大学学报,(3).
张乔民,宋朝景,赵焕庭.1985.湛江湾溺谷型潮汐汊道的发育.热带海洋,6(1).
张乔民,陆铁松,赵焕庭,等.1990.广东沙扒潮汐汊道口门地貌现代演变.热带海洋,9(4).
张乔民,郑德延,李绍宁,等.1995a.湛江港潮汐汊道落潮三角洲沉积动力过程.地理学报,50(5).
张乔民,陈欣树,王文介,等.1995b.华南海岸沙坝潟湖型潮汐汊道口门地貌演变.海洋学报,17(2).
张忍顺,陆丽云,王艳红.2002.江苏海岸的侵蚀过程及其趋势.地理研究,21(4).
张治平.1958.湛江港新构造运动与港湾的形成及其淤积.水文地质工程地质,(5).
章鸿钊.1924.杭州西湖成因一解.科学,9(6).
赵德三.1991.山东沿海区域环境与灾害.北京:科学出版社.
赵焕庭.1990.珠江河口演变.北京:海洋出版社.
赵焕庭.1995.南沙群岛观察史.热带地理,(1).
赵焕庭,张乔民,宋朝景,等.1999.华南海岸和南海诸岛地貌与环境.北京:科学出版社.
[宋]赵汝适,杨博文.2000.诸蕃志校释.北京:中华书局.
赵希涛,耿秀山,张景文.1979.中国东部2万年来的海平面变化.海洋学报,1(2).
赵希涛.1979.海南岛鹿回头珊瑚礁的形成年代及其对海岸线变迁的反映.科学通报,(21).
赵希涛,张景文.1980.渤海湾西岸的贝壳堤.科学通报,25(6).
赵松龄,夏东兴,杨光复,等.1978.关于渤海湾西海岸海相地层与海岸线问题.海洋与湖沼,9(1).
赵昭炳.1962.福建海岸升降问题.地理学资料.北京:科学出版社.
赵昭炳.1978.福建海岸//中国地理学会.1977年地貌学术讨论会文集.北京:科学出版社.
中共中央党史研究室.2011.中国共产党历史.第二卷.北京:中共党史出版社.

中国海湾志编纂委员会.1991—1999 中国海湾志.第一至第十二分册,第十四分册.北京:海洋出版社.

中国科学院地理研究所.1987.黄河三角洲卫星影像图地貌解释.北京:气象出版社.

中国科学院地球化学研究所第四纪地质组、^{14}C 组.1980.渤海湾西岸全新世海岸变化.中国第四纪研究,5(1).

中国科学院广州地理研究所.1965.珠江三角洲地貌条件的农业评价//中国地理学会.1965 年地貌学术讨论会论文集.北京:科学出版社.

中国科学院自然科学史研究所地学史组.1984.中国古代地理学史.北京:科学出版社.

中华书局编辑部点校.2008.全唐诗[增订本].北京:中华书局.

周长江,申宪忠.2001.黄河海港海洋环境.北京:海洋出版社.

[宋]周去非著,杨武泉校注.2006.岺外代答校注.北京:中华书局.

周志德,乔彭年.1982.潮汐河口分类的探讨.泥沙研究.

祝翠英.1985.辽宁海岸地貌的初步认识//中国海洋湖沼学会,海岸河口学会.海岸河口区动力、地貌、沉积过程论文集.北京:科学出版社.

祝永康.1964.钱塘江河口沙坝结构及其发育//中国海洋湖沼学会.1963 年学术年会论文摘要汇编.北京:科学出版社.

邹仁林.1966.海南岛珊瑚礁垂直分布的初步研究.海洋与湖沼,8(2).

邹逸麟,张修桂.2013.中国历史自然地理.北京:科学出版社.

左其华,窦希萍.2014.中国海岸工程进展.北京:海洋出版社.

Huang Sheng,Zhong Xiujuan.1986.Classification and process characteristics of Estuaries in China.Proc of the Third International Symposium on Rive Sedimentation.The University of Mississippi.

Johnson D W.1965.Shore Processes and Shoreline Development.Hafner Publishing Company.New York and London.

Zhou Zhide,Qiao Pengnian.1986.Criteria for the Classification of Tidal River Mouths.Proc of the Third International Symposium on River Sedimentation.The Umversity of Mississippi.

我国海岸带灾害地质调查研究简史*

灾害地质与地质灾害这两者之间存在密切联系，相辅相成。灾害地质学调查研究历史是伴随着地质灾害的调查研究而展开的，所以灾害地质的调查研究也是经历了漫长的酝酿和多年积累，适应人类社会经济和地球科学发展而形成的，具有深厚的历史底蕴。本文拟通过对地质灾害和灾害地质调查研究诸多成果的了解，将我国海岸带灾害地质研究史划分为海岸带灾害地质和地质灾害个案记录阶段、地质灾害器测和不同灾种个案研究阶段以及海岸带灾害地质综合调查研究阶段等三个阶段。

第一节　海岸带灾害地质和地质灾害个案记录阶段

我国是一个具有 5 000 多年历史的文明古国。在这漫长的历史过程中，我们的祖先为了生存和发展，很早以前就开始观察和记录灾异现象，他们的观察和记录为我们今天的研究积累了大量宝贵资料。这些资料保存在我国的正史，如《二十四史》《资治通鉴》，以及野史、类书、笔记和地方志中，其中以《二十四史》和地方志中的记录最多。

一、地震及其诱发的地质灾害

地震在各类灾害记录中数量最多，最早的记录出现在公元前 1831 年（帝发元年乙酉帝即位。……七年陟，泰山震，《竹书纪年》）。在以后的近 4 000 年中，这种记录从未间断。根据《中国地震历史资料汇编》（1—5 卷）所提供的资料统计，我国古代（公元前 279 年—公元 1900 年）有地震记录 7 473 次（表 1）。

* 作者：王文海　李培英

表 1　中国历代地震次数与分布表

历史时期	起讫年代	时间	地震次数	年震率
秦汉	公元前 279 年—公元 220 年	499	121	0. 24
三国魏晋南北朝	公元 220 年—公元 581 年	361	234	0. 64
隋唐	公元 581 年—公元 960 年	379	156	0. 42
辽宋西夏金元	公元 960 年—公元 1368 年	408	369	0. 90
明	公元 1368 年—公元 1644 年	276	3 090	11. 19
清	公元 1644 年—公元 1911 年	257	3 503	13. 68
合计	公元前 279 年—公元 1911 年	2 179	7 473	3. 38

（张金明等，1999）

表 1 记录次数是对全国而言的，各省情况有所不同。表 2 是我国沿海各省地震记录的情况。

表 2　沿海各省地震记录统计表

省（区）名	年　代	总震次	省（区）名	年　代	总震次
辽宁	294—1943 年	157（6）	福建	886—1936 年	359（23）
河北	公元前 231 年—1951 年	761（87）	台湾	1161—1951 年	84（46）
山东	公元前 618 年—1948 年	566（38）	广东	288—1936 年	601（30）
江苏	公元前 179 年—1949 年	635（26）	广西	288—1936 年	184（13）
浙江	288—1935 年	356（11）			

注：括号内为破坏性地震次数，未录公元前 1831 年泰山震。　（李善邦，1981）

上面叙述了地震灾害记录的概况，下面举几个具体的地震灾害及其诱发的地质灾害实例。

“（汉）本始四年（公元前 70 年）四月壬寅，地震河南以东四十九郡，北海琅琊坏祖宗庙城郭，杀六千余人。”

《汉书 · 五行志》

“（明）嘉靖二十七年（1548 年）八月十二日，地大震，城为之崩。”

光绪《登州府志》

“（明）万历二十八年（1600 年）八月二十二日，地大震，有声如雷，城垣、衙署、民舍倾圮殆尽，人民压死无算。是夜连震三四次，是月地上生毛。”

乾隆《南澳志》卷 12

“（明）万历三十三年（1605 年）十一月初六夜，地大震，有声如雷，从西南来，高、雷、廉、琼同时俱震，廉、琼尤甚，官民房屋倾坏无算。”

康熙《高要县志》卷 1

“（明）天啟四年（1624 年）二月甲寅，辰刻，京师及顺、永、保、河、真定地震。宫殿摇动有声，铜缸之水涌波震荡。乐亭旧铺庄地裂多穴，涌水尺余，色黑。”

《国榷》卷 86

“（清）康熙七年（1668 年）六月十七日戌时地震，荡如漂舟，声如殷雷，城郭屋宇崩坠倒塌，月色为昏，又地震涌黑沙。惟掖震稍轻。六月十八日，七月十七日、八月十八日屡震。”

康熙《莱州府志》卷 12

“（康熙七年六月十七日）山东莱州府城西一带地震拆裂，长五十余里，初涌出黑水如墨，数日渐干，变成白沙，土人取视之，皆盐也，因争以牛车运归，旬日始毕，民间有善以致富者，至少者亦数年不市盐。以上系掖县王孝源夫人亲说。”

《大观堂文集》卷 18

“（清）康熙七年（1668 年）六月十七日，地大震，有声自西北而东南，如雷如鼓，如漂舟，如车架屋脊，如万马奔腾，阴气惨黑，倾墙倒壁，坏房屋五千余间，压死者四百七十余口。白浪河近堤处平地开裂，丈尺不等，各出黑白泥沙，水井上溢。六月十八又震。七月十七日震，八月十三又震。”

康熙《潍县志》卷 5

“（清）康熙五十九年（1720 年）十月朔，台湾地大震。十二月初八日，又震，连十余日，房屋倾倒，压死居民。”

民国《重纂福建通志》卷 272

“（清）同治元年（1862 年）壬戌五月十一日，台地连日大震，府治及嘉义县尤甚，城垣倾塌数丈，压死数千人，民居倾圮者无算，连日夜不稍止，真非常之变也。”

《东瀛记事、灾祥》

“（清）同治六年（1867 年），冬十一月地大震。二十三日鸡笼头、金包裹沿海山倾地裂，海水暴涨，屋宇倾坏，溺数百人。”

同治《淡水厅志》卷 14

从上述几条摘录可见，我国古代的历代统治者及学者、文人对地震灾害及其诱发的地质灾害，如地裂、沙土液化（涌沙）、涌水（含卤水）、山崩、海啸等均有所记录，这些记录无疑对地震地质灾害的研究有重要价值。

二、风暴潮及相关灾害记录

我国沿海是风暴潮灾多发区域，在我国的史书、类书、地方志及笔记等著作中有非常丰富的记录。陆人骥编辑出版了《中国历代灾害性海潮史料》一书，对古代中国海潮记录做了比较系统的整理。在《山东省海洋灾害研究》一书中关于山东省海洋灾害的实录，风暴潮所占比重最大（王文海，1999）。

我国潮灾害记录最早出现于公元前48年（西汉元帝初元元年），在《前汉书卷二十六，天文志第六》中就有“初元元年……其五月，渤海水大溢。……琅琊郡人相食”的记载。除战乱或朝代交替时期缺少记录外，以后每个朝代几乎均有记录。现以山东为例，说明公元前48年至1949年的潮灾害记录情况（表3）。

表3　山东省不同朝代不同岸段潮灾记录统计表

朝代	年限	莱州湾沿岸	山东北岸	山东南岸
西汉	公元前206年—25年	2	0	0
东汉	25—220年	5	2	1
三国	220—265年	0	0	0
晋	265—420年	1	0	0
南北朝	420—589年	2	0	0
隋	589—618年	0	0	0
唐	618—907年	2	0	4
五代	907—960年	0	0	0
宋辽金	960—1279年	3	0	0
元	1279—1368年	1	0	0
明	1368—1644年	13	8	4
清	1644—1911年	48	13	13
中华民国	1911—1949年	14	4	7
合计	公元前206年—1949年	91	27	29

（王文海，1999）

有关风暴潮及其伴随灾害的历史记录（陆人骥，1984）列举如下：

“（汉）初元元年（公元前48年），勃海水大溢，琅琊郡人相食。”

《前汉书，天文志》

“（唐）总章二年（公元669年）六月戊申朔……括州大风雨，海水泛溢永嘉，安固二县城郭，漂百姓宅六千八百四十三区，溺杀人九千七十、牛五百头，损田苗四千一百五十顷。”

《旧唐书·高宗》

“（宋）淳熙四年（公元1177年）九月丁酉、戊戌，大风驾海涛败钱塘县堤三百余丈；余姚溺死四十余人，败堤二千五百六十余丈；败上虞县堤及梁湖堰运河岸；定海败堤二千五百余丈，鄞县败堤五千一百余丈。”

《宋史·五行志》

“（元）泰定三年（公元1326年）八月，盐官州大风，海溢，捍海堤崩，广三十余里，袤二十里，徙居民千二百五十家以避之。”

《元史·五行志》

“（明）宣德十年（公元1435年），秋，大风潮暴溢，海岸尽崩。”

光绪《平湖县志》卷25

“（明）正德十年（公元1515年），七月，飓风大作，海水溢，漂木拔屋，沿海居民死以千计，咸潮侵良田，变为斥卤。”

康熙《清江县志》卷5

“（清）顺治十年（公元1653年）六月乙卯，苏州大风雨，海溢，平地水深丈余。人多溺死……文登大雨三日，海啸，河水逆行，漂没庐舍，冲压田地二百五十余顷。”

《清史稿》卷40

“（清）雍正二年（1724年）七月，泰州海水泛溢。漂没官民田八百余顷；南汇大风雨，海潮溢，田庐盐场人畜尽没；海宁海潮溢，塘堤尽决；余姚海溢，溺死二千余人；海盐海水溢；太湖溢；定海大风海溢，漂没庐舍；镇海大风雨，海水溢。”

《清史稿》卷40

“（清）光绪三十四年（1908年）八月初二日福州及长门、马江一带飓风大作，计闽侯、长乐、连江、闽清、福安各县倒塌民房二千八百余间，桥梁四百余座，坍塌堤岸一千四百余丈，溺毙大小人口一千余，沉坏船只五百余艘，淹没田园五千余亩，衙属公所营房城垣均多坍塌，灾情之重，灾区之广实为数十年所未见。”

民国《福建通志·福建通记·清》

以上摘录了我国历史上各种文献有关风暴潮记载的几个片段，从这些记载可以发现，风暴潮不仅是一般的海水潮位异常增高，它同时导致了海岸坍塌、堤坝溃决、房屋倒塌、人员死伤和土地盐渍化等众多的海岸带地质灾害。

三、其他灾害记录

在我国历代文献中不仅有如地震，风暴潮等重大灾害的记录，同时还有山崩、地裂（地陷）、涌水、涌沙、风灾及火山活动等各种灾害地质现象的记录。下面摘录数段以供研究参考（宋正海，1992）。

（一）海岸风沙

我国在公元前1174年至公元前1112年（商纣）时就有“帝辛五年，雨土于亳”的记载（《今本竹书纪年卷上》）。自此之后，此类记载不绝书册。此处仅摘录数段有关海岸风沙的记载。

“明洪武四年（1371年）春三月已亥大风，吹滩水沙，顷刻成岭，因名白玉山。”

乾隆《诸城县志》卷2

“（明）嘉靖二年（1523年）二月十二日蓟州狂风大作，吹沙蔽天，行人压埋于沙中”。

光绪《顺天府志祥界》

“（明）嘉靖二十一年（1542年）春，大风霾沙压田禾。”

同治《黄县志》，卷5

“（清）雍正六年（1728年），五月初一日，兴化、莆田大风至初六方息，滨海飞沙，壅遏民居田井。”

同治《福建通志》卷272

“（清）乾隆五十一年（1786年）正月，文登、荣成雨土。”

《清史行·灾异志》

“（清）嘉庆二十二年（1817年）春二月二十七日，大风，其色黑，飞石沙，人畜有吹入海者。”

道光《重修胶州志》卷35

（二）地裂

最早有纪年的地裂现象记录出现在公元前284年（周赧王三十一年），“王奔莒，淖齿数之曰，博之间地坼至泉，王知之乎”（《资治通鉴》卷4）。以后各地记录逐渐增多，摘录数条如下：

“（明）隆庆二年（1568年）……戊寅……乐亭地裂三丈余，黑沙水涌出。”

《明史·五行志》

“（明）万历二十三年（1595年），琼山那社都澄迈三军村山石忽自裂，中有小石皆方形如指，辄数十相连流出不绝，久之乃已。”

道光《琼州府志》卷44

“（明）崇祯二年（1629年）春正月二十七日，渔湖之西洋村地裂，广约五寸，长约二丈七尺，多人以绳探之无底，越二日如故。”

乾隆《揭阳县志》卷7

“（清）乾隆三十六年（1771年）（长泰）恭顺里角人硿村地裂，一家二十三人尽没焉。村在山腰，先是十余日村民隐隐闻地下声，傍晚而陷，一村尽没。十噚之树没不见其梢。经府县屡勘，宽约三十丈，长三里许。”

光绪《漳州府志》卷47

（三）山崩

最早出现山崩记录的时间是公元前776年（周幽王六年），在《诗经·小雅》的《十月之交》一诗中有“烨烨震电、不宁不令。百川沸腾，山冢崒崩。高岸为谷，深谷为陵”。这一首诗准确地描述了“高岸为谷、深谷为陵”的山崩地裂的地质现象，当然这一记录讲的是内陆。下面举几个发生在海岸带的记录。

“（元）至元二十六年（公元1289年）七月，泉州同安县大雷雨，三秀山崩。”

民国《福建通志·福建通记·之一》

“（元）至正十七年（公元1357年）十二月丁酉，庆元路象山县鹅鼻山崩，有声如雷。”

《元史·五行志》

“（明）正德十一年（1516年）六月，阳江淫雨山崩。”

同治《广东通志》卷18

“（清）顺治八年（1651年）四月二十六日，黄县莱山巨石崩，声闻数里。”

《清史稿·灾异志》

上述种种所录资料表明，我国自古以来就非常重视灾害记录，为我们今天研究灾害的时空分布规律、灾害程度，甚至灾害的发生机制及灾害史提供了异常丰富的资料。

第二节　地质灾害器测和不同灾种个案研究阶段

社会发展到近代，科学技术不断进步，海岸带灾害地质的研究手段和仪器设备也随之改善，对灾害机理的研究也随之深化。下面仅就灾害地质学几个主要领域的研究情况分别加以阐述。

一、地震灾害地质的研究

从科学研究史的角度讲，地震的记录从汉朝张衡发明风候地动仪就已开始。但是，当时记录到的仅是地震产生的方位和大致强度，并且这种仪器很早就失传了（唐锡仁等，2000）。所以，中国古代长期以来仍无器记资料。直到1930年，在北京西山鹫峰建造了鹫峰地震观测台，并在地质调查所内设地震研究室。1932年，从欧洲国家进口最新的伽利津-卫立蒲照相记录地震仪，鹫峰地震台遂成世界一流台站，才真正开始观测与研究地震。但是，好景不长，随着1937年“七七事变”的发生，鹫峰地震台也随之消亡。中华人民共和国成立之后，1950年成立中国科学院，设立地球物理研究所，并在20世纪50年代组建了我国地震台网。同时，整编了我国3 000多年的地震记录，形成五卷《中国地震历史资料汇编》并逐一出版，同时开展了地震机理的研究及地震预报研究，并于20世纪70年代初成功预报了海城地震，只是没有预报出唐山地震。

关于我国地震灾害情况及其发生机理等，先后出版了《中国地震地质概论》《中国地震》《一九七五年海城地震》《一九七六年唐山地震》等书，特别是后两本书对研究海岸带地震灾害具有重要意义。再以后开展了中国地震烈度区划工作，并编制出版了《中国地震烈度区划图》。随着地震研究的进展，地震预报研究也有很大进展，并于1993年出版了《中国地震预报概论》，比较系统地总结了我国的地震预报成就。

二、风暴潮及其灾害的研究

前已述及，我国风暴潮及其导致的地质灾害不仅发生频率高，而且危害极大。在古代只有一些零星记录，而真正开始科学的记录和研究风暴潮及其所导致的灾害也是近代的事情。

风暴潮的研究离不开潮位的记录与研究，同时与天气过程密切相关。

我国的潮汐观测业务始于1911年，在青岛观象台开展起来。以后，我国陆续建立了一些验潮站。中华人民共和国成立之后，我国沿海建立了数十个正规验潮站及若干短期验潮站，不间断地记录我国沿海的潮位。20世纪60年代初，开展了风暴潮的研究，刚开始主要进行分布规律的研究，以后逐渐转入风暴潮形成机制和预报研究。其中，1982年出版的冯士筰编著的《风暴潮导论》代表了这一时期理论研究的成果，而1991年出版的包澄澜主编的《海洋灾害及预报》则体现了这一时期风暴潮灾害等的预报成就。在此期间，还有杨华庭等编辑出版的《中国海洋灾害四十年资料汇编》(1993)，张家诚等出版的《中国气象洪涝海洋灾害》(1998)一书，均对我国的风暴潮等灾害进行了比较深入的探讨。

三、海岸侵蚀灾害的研究

海岸侵蚀灾害在我国是一种随着国民经济建设蓬勃发展而伴随的海岸带地质灾害。因此，它没有传统灾种的那种灾害事件记录阶段，一开始就进了调查研究阶段。

最早比较全面地对海岸侵蚀进行研究的是王文海等，于1987年发表的《我国海岸侵蚀原因及其对策》一文，比较全面地描述了我国海岸侵蚀的现状，分析了我国海岸侵蚀的原因，初步提出了海岸侵蚀的防治对策（王文海，1987）。紧接着王文介发表了《中国海岸近期侵蚀问题》一文，主要分析了三角洲海岸的侵蚀及其原因（王文介，1989）。此后，我国海岸侵蚀的研究逐步开展起来，多以某一地区为研究对象，迄今已发表研究论文百篇以上。

20世纪90年代，王文海等人将海岸侵蚀作为一种海岸带地质灾害开始进行研究，并发表了一些成果，对中国海岸侵蚀灾害状况、致灾原因、灾害特点进行了分析，对灾害损失的统计，评估参数的选取，评估模式及灾害等级的划分提出了有价值的意见(王文海等，1996，1999)。此外，还开展了有关海岸侵蚀防御对策的研究，为海岸带综合管理和工程建设提供依据和支撑。

“九五”期间以来，国家有关部门非常重视海岸侵蚀问题，在一些国家计划比如国家科技攻关计划、高技术发展计划和国家重大海洋专项中均设立了一些调查研究课题。①“十一五”期间，也就是目前正在执行的国家重大海洋专项“我国近海海洋综合调查与评价”，专门设立了关于海岸侵蚀的专项调查和评价课题。

四、海水入侵灾害的研究

海水入侵是人类在沿海地区进行社会经济活动导致的一种自然灾害，它出现于20世纪70年代后期，以后有逐年增加的趋势，在我国的辽宁、河北、山东和广西等沿海地区均有不同程度的出现，其中尤以山东最为突出。自20世纪70年代至90年代初期，仅山东受灾总面积就达730.7平方千米，其中海水入侵面积为431.2平方千米，咸水入侵面积299.5平方千米。1990年前后，赵德三等发表了《莱州湾地区海水侵染灾情分析和综合治理对策》（1990）、《山东沿海地区海水侵染灾情分析与综合治理对策》（1991）和《山东沿海地区海水入侵灾情、趋势及其对策》（1991）等论文，并在其专著《山东沿海区域环境与灾害》一书中专设海洋灾害一章，重点讨论了海水入侵问题。其后，尹泽生等出版了《山东省莱州市滨海区域海水入侵研究》（1992）一书，比较深入地探讨了莱州湾沿岸的海水入侵原因和机制等问题。在赵德三主编的《海水入侵灾害防治研究》（1996）论文集中，一些文章从海水入侵理论、水资源与旱涝规律、防治技术和生态环境调控等方面讨论了海水入侵机制，并提出预防措施。庄振业等人根据地下水负值区、淡水资源超采量和海（咸）水入侵面积等三个标志，将灾害进程分为初始阶段、发展阶段、恶化阶段和缓解阶段，并提出了根据灾害发展不同阶段采取不同措施，进行适时的治理（庄振业等，1999）。

五、海面上升灾害的研究

从地质时期到人类历史时期，海平面一直在变化着。当其出现异常变化时，便会给人类社会造成不利甚至有害的影响。关于海面变化的研究，在我国始于20世纪70年代末期。其中，以赵松龄等发表的《关于渤海湾西岸海相地层与海岸线问题》（1979）一文最具代表性。但是，关于海面上升的系统性研究还是在1991年联合国环境规划署发布《当前全球状况》及1992年联合国环境与发展大会通过的《21世纪行动议程》之后。联合国的这两个重要文件公布之后，引起我国科学界的高度重视。1993年，中国科学院地学部组织了11位院士和8位专家组成的考察组，考察了我国地势低洼、经济发达、人口密集的珠江三角洲、长江三角洲、黄河三角洲和天津地区。通过考察和与当地有关人士座谈，评估了海面上升对我国国民经济的影响并提出了相应的对策

① 国家海洋局第一海洋研究所，2004，黄河三角洲强侵蚀岸段岸线监测专题研究报告。

（中国科学院地学部，1994）。

此后，我国的一些科学计划逐步设立了有关项目，重点支持开展这方面的研究，如国家自然科学基金重大课题“中国海面变化及其趋势和影响的初步研究”和国家攀登计划项目“现代地壳运动与地球动力学研究”等。同时，有关省市也开展了这方面的工作，如广东省1993年批准立项的“海平面上升对广东沿海经济发展的影响对策研究”课题就是一例。该课题相继发表和出版了大量有关海面上升研究的成果，如《中国海面变化》《广东海平面变化及其影响与对策》等专著和《海平面上升对中国沿海主脆弱区的影响及对策》《中国东部沿海地区海平面与陆地垂直运动》和《现代地壳运动与地球动力学研究——中国沿海地区陆地与海平面垂直运动的研究》等论文集。这些论文和著作主要讨论了海面变化的原因和海面上升趋势及其影响与对策，对预防海面上升灾害具有重要意义，并为今后深入研究奠定了良好基础。

六、海岸风沙灾害地质的研究

海岸风沙灾害自古以来就存在着，一直引起许多人的关注。正因如此，在史书和各类志书上成篇累牍地记录着，以期得到执政当局的重视。但是，中华人民共和国成立以前，除个别岸段如山东龙口北岸建成了一小段海岸防护林外，大部岸段仍保持原始状态，风沙侵袭照旧。此前一直没有开展过专门的海岸风沙研究。

中华人民共和国成立之后，党中央和国务院很快就注意到了海岸风沙灾害。从20世纪50年代中期开始，组织全国沿岸人民建造海岸防风林，经过几十年的经营基本形成了海岸绿色长城。不过，真正的海岸风沙研究还是没有真正开展起来。

直到20世纪80年代，我国海岸风沙的研究才真正开始。1987年我国的风沙地貌学家吴正发表了《海南岛东北部海岸沙丘的沉积构造特征及发育模式》一文，从此将他的风沙研究领域从内陆扩延到滨海甚至浅海，从现代风沙延展到晚更新世的老红沙（吴正等，1987）。1992年林惠来发表了“台湾海峡西岸历史风沙的初探”一文，就福建和广东东岸沿海历史风沙情况进行了研讨（林惠来，1992）。研究我国北方海岸风沙比较有系统的是傅命佐、王月霄等，他们主要研究了海岸风沙与气候环境的关系，风沙地貌类型、分布规律及发育模式等（傅命佐等，1994，1997；王月霄，1996）。对闽粤海岸风沙作用研究的还有张开文、陈方、蔡爱智、刘春彬等人，他们分别进行了区域性的海岸风沙及沙化作用的研究（张开文等，1991；陈方等，1992；蔡爱智等，1992；刘春彬等，2001）。

以上这些研究，为我国沿海风沙作用的理论和沿海风沙的防治提供了理论与实践。但是，就全国而言，还尚未开展大范围的系统性研究。

七、滨海湿地退化的研究

湿地是重要的自然生态系统和自然资源，被誉为“地球之肾”，具有巨大的经济、生态和社会效益，是实现社会经济持续发展的重要基础。

我国是最早开展湿地研究的国家之一。据资料记载，湿地研究最早起源于对捕鱼、采盐及泥炭的研究和利用。中国对湿地的认识可以上溯至商周时期，在《周礼》中把水草丛生之处称为“薮”“沮泽”或“沮洳”。《诗经》将其称为泽、薮、隰等。在《禹贡》《水经注》《徐霞客游记》等地理古籍中都有关于湿地的记载，并赋予不同的名称，反映出不同的成因类型和物理性状。

到了宋代，围海造田、围湖造田极为兴盛，此时也有人看到了围田的问题，从而提出异议。宋诗人范成大在其《围田欢》中就有“秋涝灌河无泄处，眼看漂尽小田家”之句，指出了围田引起的危害。虽然我国古代有许多有识之士呼吁保护湿地，但限于当时的时代，既没有开展湿地研究，也没有在湿地保护方面有什么举措。

我国现代湿地研究是中华人民共和国成立之后的20世纪60年代开始的，主要针对陆地沼泽和泥炭资源。长春地理研究所等单位一成立就以沼泽为其主要研究方向，先后与东北师范大学等单位开展了较大规模的调查研究。以后，中国科学院武汉水生生物研究所、中国科学院南京地理与湖泊研究所等开展了长江中下游和全国重点湖泊的调查与研究。但是，这一时期涉及滨海湿地的不多。尽管国家海洋局等15个部委组织的1980—1984年的海岸带和滩涂资源综合调查取得了不少有关滨海湿地的资料，但并没有从湿地的角度对其进行研究过。

1982年在印度召开的第一届国际湿地会议，标志着全球湿地研究进入了一个新的发展阶段。1992年7月1日，我国政府正式加入《湿地公约》，并将“湿地保护与合理利用”列入《中国21世纪议程》，《中国生物多样性保护行动计划》列入优先发展领域。20世纪90年代多条河流大洪水，提高了政府和公众的湿地保护意识，为全面和深入的湿地研究和保护打下了基础。这一时期，先后出版了《中国海湾志》《中国湿地》《中国湿地研究》《中国沼泽志》《中国湖泊志》和《中国湿地植被》等重要著作。

与美国等发达国家相比较而言，我国滨海湿地的研究起步较晚，研究水平较低，这与我国的湿地分布规模很不相称。但是，20世纪90年代以来，我国滨海湿地的研究发展很快，有关学者对不同地域的滨海湿地进行了不同程度的研究，取得了一些成果，同时湿地保护也取得了显著成就。2004年12月，湿地国际将全球湿地保护与合理利用杰出成就奖授予了中国。

近十几年来，我国滨海湿地的研究有了很大进步，取得了显著成绩。

（一）区域滨海湿地基本特征的研究

1. 环渤海滨海湿地研究

环渤海沿岸是我国北方滨海湿地最集中的分布区，尤其是黄河三角洲和辽河三角洲。这两个三角洲的滨海湿地无论是面积还是重要性，在我国都有着特殊的地位，已成为近年来滨海湿地研究的热点地区。王宪礼等、布仁仓等利用遥感、GIS 技术对两个三角洲的景观格局和景观异质性进行了分析，揭示了湿地景观的破碎化程度及其与人类活动的关系（王宪礼等，1997；布仁仓等，1999）。李晓文等进行了辽河三角洲湿地的景观规划预案研究，并对预案中指示物种的生态承载力、生境适宜性以及预案实现的实施措施进行了讨论（李晓文等，2001，2002）。许学工、付在毅等对三角洲湿地主要风险源洪涝、干旱、风暴潮灾害、油田污染事故等的概率进行了分级评价，提出了度量风险的指标，分析了风险源的危害作用，划分了生态风险区，完成了黄河、辽河三角洲湿地的区域风险综合评价（许学工等，1996，2001；付在毅等，2001）。田家怡和赵延茂等人对黄河三角洲湿地生物多样性进行了调查，研究了该区域生物多样性的特点，指出黄河三角洲植被群丛多样，鸟类多样性丰富，重点保护鸟类种类多、种群数量大。在此基础上提出了黄河三角洲湿地的资源及其可持续利用状况，探讨了黄河三角洲、辽河三角洲的可持续发展途径。其中较有代表性的是以肖笃宁等为主开展的环渤海三角洲湿地的景观生态学研究（肖笃宁等，2001）。

2. 南方红树林湿地研究

红树林湿地是我国南方最重要的滨海湿地类型，主要分布于海南、广东、广西等省区。我国红树林的保护具有悠久的历史，“七五”“八五”“九五”科技攻关项目中都安排有红树林课题。林鹏等人对红树林生态学方面的研究已取得了重要成果（林鹏，2003）。20 世纪 90 年代中期以来，华南沿海各地掀起了红树林的造林热潮。国家林业局 2001 年启动红树林保护工程，计划在 10 年内营造 60 000 公顷红树林使中国南部沿海的环境状况得到明显改善。

3. 江浙等省市滨海湿地研究

江浙沿海地区居于我国大陆海岸带中段，主要为淤泥质海岸。江苏省 93%的海岸为淤泥质海岸，是我国滨海湿地分布最多的省份，滩涂面积占全国的 40. 6%。20 世纪 90 年代以来，杨永兴、季子修等人对该处滨海湿地的分布状况、生态环境、类型特征进行了研究（杨永兴等，1995；季子修等，1995）。长江三角洲是该区域滨海湿地的重要组成部分。90 年代以来，陆健健等人对生态结构、生态过程及共生态恢复等方面进行了深入的研究（陆健健，1990）。

（二）滨海湿地退化和生态系统恢复研究

1. 湿地退化标准的研究

湿地的退化主要是指由于自然环境的变化，或是人类对湿地自然资源过度地以及不合理地利用而造成的湿地生态系统结构破坏、功能衰退、生物多样性减少、生物生产力下降以及湿地生产潜力衰退、湿地资源逐渐损失等一系列生态环境恶化的现象（谷东起，2003），如何客观正确地评价湿地的现状和功能价值，怎样实际有效地进行退化湿地恢复与重建，这些问题的解决必须建立在对当前湿地退化的水平的正确认识的基础上。但是如何评价，用什么标准来评价，到目前为止，尚无统一认识。张晓龙等人（2004）对湿地的退化标准进行了讨论。他们认为建立湿地退化标准需遵循4项原则，即：代表性与全面性相结合的原则；定量化与定性相结合的原则；通用性与地域的特殊性相结合的原则；现行可行性原则。制定湿地退化标准时，应考虑7项基本内容：①湿地退化的面积；②组织结构状况；③湿地功能特征；④湿地系统的物质能量平衡；⑤湿地的社会价值体现；⑥湿地持续发展能力；⑦外界胁迫压力。根据上述条件将湿地退化划分为4个等级：未退化、轻度退化、重度退化和极度退化。这个分级虽无定量指称，但已有了一个相对的标准，对研究湿地退化和生态恢复有一定意义（张晓龙等，2004，2005）。

2. 滨海湿地生态系统的恢复与重建

湿地生态系统的恢复与重建是目前湿地研究的一大热点。我国的研究主要集中在南方生物海岸湿地的恢复和重建上，包括红树林和珊瑚礁生态系统两大部分。20世纪50—60年代，浙江南部沿海即开展了秋茄的引种北移，但后来大多因围垦而破坏。直到90年代，随着国家科技攻关项目的实施，红树林生态系统修复与重建技术水平才得到进一步的提高，现已形成一整套成熟的红树林造林技术，并正在华南沿海各地推广使用。

珊瑚礁生态系统修复重建的主要对象是造礁石珊瑚。90年代以来我国开展了一些与珊瑚和珊瑚礁海岸保护管理有关的研究项目，从理论上提出了保护或移植关键物种，改善群落空间格局而缩短向顶级群落生态演替时间的恢复战略。

近年来，我国北方滨海湿地生态系统的恢复重建也有了一定的进展。2002年，国家投资近亿元进行了黄河三角洲生态恢复和保护工程，使其生态环境得到改善。作为东北亚内陆和环西太平洋鸟类迁徙的重要“中转站”，黄河三角洲在珍禽越冬栖息地和繁殖地方面将发挥重要的作用。

3. 滨海湿地自然保护区的发展

建立海洋自然保护区是保护海洋生物生物多样性最有效的方式。至2002年底，我国已建成海洋自然保护区76个。其中，国家级海洋自然保护区21个，地方级海洋自然保护区55个。中华白海豚、斑海豹、海龟、文昌鱼等珍稀濒危海洋动物以及红树林、珊瑚礁、滨海芦苇湿地等典型海洋生态系统得到重点保护。至2002年底，我国已建成省级以上的红树林自然保护区9个，保护面积为76平方千米；共建有珊瑚礁自然保护区8个，保护面积达562平方千米。2002年调查监测结果表明，保护区内的生态环境有所恢复和改善，生物种类和数量有所增加，生物多样性不断提高。至2005年2月2日，我国列入湿地公约国际重要湿地名录的湿地已有30处，总面积约343×10^4公顷，占全国自然湿地的9.4%。这将大大促进我国滨海湿地鸟类和各种珍稀动物以及滨海湿地生态系统的保护与科学研究的发展。

第三节　海岸带灾害地质综合调查研究阶段

海岸带灾害地质的研究是以大量的调查资料为基础的。我国自1958年以来开展了多次海洋调查和海岸带调查，这些调查既为我国积累了大量的自然条件和资源方面的资料，也为我国海岸灾害地质研究提供了非常丰富的资料。但是，当时的调查很少直接涉及海岸带灾害地质内容。真正涉及海岸带灾害地质的调查则是伴随我国近海海缆路由调查和浅海油气田的钻探与开发而开展的。其中，主要调查研究工作有：1985—1989年中国科学院海洋研究所等单位完成的“南海西部石油开发区区域性工程地质调查”，1986—1990年地矿部广州海洋地质调查局完成的“南海北部地质灾害及海底工程地质条件评价”的调查研究，1995年国家海洋局第一海洋研究所完成的“莺西、涠洲海域工程地质区域性综合调查”、1996年根据1987—1995年多次调查而编著的《辽河油田浅海油气区海洋环境》一书和APCN2、C2C等多条国际、国内光缆路由调查。在这期间，还进行了一些专题调查，如中美黄河口调查，并出版了《海岸河口区重力再沉积和底坡的不稳定性》一书，主要讨论了河口区的不稳定性。这些调查研究工作，虽然多数调查海域位于浅海大陆架，但也有很大部分涉及了海岸带，为海岸带灾害地质研究奠定了基础。其中，以冯志强等著的《南海北部地质灾害及海底工程地质条件评价》具有代表性，而李凡等编辑的《黄海埋藏古河道及灾害地图集》也为浅海灾害地质的研究增添了形象的内容。李四光原著《中国地质学》扩编委员会编著的扩编版《中国地质学》，专辟一章“中国的地质环境与地质灾害”，讨论中国灾害地质与地质灾害问题，其论述虽以中国大陆为主，但其所讨论的中国地质灾害背景及有关中国东部地区和海域地区的论述也很有价值。

《联合国国际减灾十年》为我国海岸带灾害地质的研究提供机会。1992年，中国灾害防御协会在烟台组织召开了“全国沿海地区减灾与发展研讨会”，我国沿海省市的政府机关、防灾部门及有关科研单位的专家参加了这次会议。在这次会议上，各省市有关部门对其所在省市的自然灾害的基本情况及灾害规律做了报告，其中相当部分是关于海岸带地质灾害的，如地震、海水入侵、海平面变化、地面沉降、海岸侵蚀等。该次会议虽未专门提出海岸带灾害地质议题，但它促进了以后的海岸带灾害地质的研究工作。与会论文集结在《论沿海地区减灾与发展》一书中。

20世纪90年代，段永侯等分别出版了《中国地质灾害》和《中国各省地质灾害图集》。该书和图集比较系统地论述了我国各省区的地质灾害情况，并总结了中国的主要地质灾害，同时对海岸带的地质灾害也给予了足够的重视（段永侯等，1993）。

1996年，李绍全提出了“海岸带地质灾害”的概念，他虽没有给其下明确定义，但是提出了海岸带地质灾害的5个基本属性（即成因上的复杂性、地质灾害的区域性和群发性、地质灾害的必然性和减灾的可能性、地质灾害的继承性、地质灾害与社会发展的同步性）和海岸带地质灾害的分类三原则系统（即层次要明确、任何一种地质灾害都应按其主要成因类型划归于相应的分类位置之中和非直接地质作用的灾害不应列入地质灾害的分类之中）（李绍全，1996）。

1996年和2003年分别出版了詹文观等的《华南沿海地质灾害》和谢先德等的《广东沿海地质环境与地质灾害》等书，均是有关区域海岸带灾害地质学内容的著作。这两本书，特别是后者，从地球系统动力学的理论和方法出发，以丰富的数据、图表阐述了研究区的沿海地质环境背景与环境地质、地质灾害特征（包括海陆灾害类型、时空分布、危害与区划）、地质灾害综合评价和地质灾害成因系统分析，并介绍了地质灾害数据库和地理信息系统，提出了地质环境管理及地质灾害的防治措施（詹文欢等，1996；谢先德等，2003）。

在1997年出版的许东禹、刘锡清等编写的《中国近海地质》一书中，专列有“中国近海环境地质与灾害地质”一章，其中涉及海岸带的许多内容，对地质灾害进行了分类，阐述了各类地质灾害的基本特征，分析了中国近海环境地质的稳定性，并进行了地质灾害区划，提出防治地质灾害的对策（许东禹等，1997）。

资料最详实、调查内容最多、精度最高、面积最大及理论性和系统性最好的灾害地质研究工作，当属“九五”期间开展的“我国专属经济区和大陆架勘测”中的灾害地质环境调查和评价工作。1997—2001年，国家海洋局组织了“我国专属经济区和大陆架勘测”国家重大专项调查。实测区域包括除南海北部陆架珠江口盆地之外的其他油气资源（开发）区，如南黄海油气资源远景区和东海盆地、北部湾、莺歌海和琼东南的油气资源（开发）区。最显著的进展是进行了全覆盖多波束测量和全面的地震剖面探测，为相关的研究特别是海洋灾害地质环境研究积累了宝贵而精确的实测资料，并为今后的深入研究奠定了雄厚的甚至是空前的资料基础。此外，在全面收集已有地质、地貌、工程地质、水深地形、地球物理和物理海洋等学科资料的基础上，对涵盖整个黄海、东海、南海及其相应海岸带和周边海域，进行了系统的灾害地质研究和综合评价，编制了比例尺为1:2 000 000的黄海、东海和南海的灾害地质图以及比例尺为1:1 000 000的各油气资源开发区的海底灾害地质图，研发出海洋灾害地质和海底稳定性综合评价软件系统，并已应用于该项工作（李培英等，2003；杜军等，2004）。2001年，国家海洋局第一海洋研究所在该专项之专题报告《黄、东海灾害地质图编及灾害地质环境评价研究》中提出了“海岸带灾害地质”这一概念，同时进行了海岸带灾害地质的分类和中国海岸带灾害地质的分区。在此基础上编制完成了《中国近海及邻近海域海洋环境》一书。

上述表明，海岸带灾害地质学是经过几十年的过程才逐渐产生的，目前正处于青壮年时期，它的发展和完善无疑将对我国海岸带的开发、管理、保护以及沿海社会经济的可持续发展将起到重要的作用。

参考文献

包澄澜.1991.海洋灾害及预报.北京:海洋出版社.

布仁仓,王宪礼,肖笃宁.1999.黄河三角洲景观组分判定与景观破碎化分析.应用生态学报,10(3).

蔡爱智,龚全美,蔡月娥.1992.海坛岛芦苇浦平原的海进沙与风沙层序.台湾海峡,11(2).

陈方,李祖光,汪榕光,等.1992.长乐东部沿海及海坛岛风沙地貌发育条件分析.福建师范大学学报(自然科学版),8(4).

陈戍国校点.2006.周礼.礼仪.礼记.长沙:岳麓书社.

陈宜瑜.1995.中国湿地研究.长春:吉林科学技术出版社.

程裕淇.1994.中国区域地质概况.北京:地质出版社.

杜军,李培英,李萍,等.2004.东海油气资源区海底稳定性评价研究.海洋科学进展,22(4).

段永侯,罗元华,柳源,等.1993.中国地质灾害.北京:中国建筑工业出版社.

[宋]范成大,高寿荪.2006.范石湖集.上海:上海古籍出版社.

方鸿琪,杨闵中.1990.城市地质灾害的预测与防治.中国地质灾害与防治学报,1(1).

冯浩鉴.1999.中国东部沿海地区海平面与陆地垂直运动.北京:海洋出版社.

冯士筰.1982.风暴潮导论.北京:科学出版社.

冯志强.1996.南海北部地质灾害及海底工程地质条件评价.南京:河海大学出版社.

傅命佐,徐孝诗,程振波,等.1994.黄、渤海海岸季节性风沙气候环境.中国沙漠,14(1).

傅命佐,徐孝诗,徐小薇.1997.黄、渤海海岸风沙地貌类型及其分布规律和发育模式.海洋与湖沼,28(1).

付在毅,许学工,林辉详.2001.辽河三角洲湿地区域生态风险评价.生态学报,21(3).

谷东起,赵晓涛,夏东兴.2003.中国海岸湿地退化压力因素的综合分析.海洋学报,25(1).

郭炳火,黄振宗,李培英,等.2004.中国近海及邻近海域海洋环境.北京:海洋出版社.

郭希哲, 楚占昌,柳源.1990.我国地质灾害评估和防治对策建议.中国地质灾害与防治学报,1(1).

国家地震局震害防御司.1995.中国历史地震目录.北京:地震出版社.

国家海洋局.2002.中国海洋统计年鉴.北京:海洋出版社.

国家海洋局.2005.中国海洋统计年鉴.北京:海洋出版社.
胡建国.2001.中国沿海地区陆地与海平面垂直运动的研究.北京:气象出版社.
黄永玉校点.1997.古本竹书纪年辑校;今本竹书纪年疏证.沈阳:辽宁教育出版社.
季子修,梁海棠.1995.江苏海岸湿地基本特征//陈宜瑜.中国湿地研究.长春:吉林科学技术出版社.
金尚柱.1996.辽河油田浅海油气区海洋环境.大连:大连海事大学出版社.
[汉]孔安国传,[唐]孔颖达正义.2014.尚书正义.上海:上海古籍出版社.
赖锡安,黄立人.2004.中国大陆现今地壳运动.北京:地震出版社.
朗惠卿.1983.中国沼泽.济南:山东科学技术出版社.
李凡.1998.黄海埋藏古河道及灾害地质图集.济南:济南出版社.
李培英,李萍,刘乐军,等.2003.我国海洋灾害地质评价的基本概念、方法及进展.海洋学报,25(1).
李善邦.1981.中国地震.北京:地震出版社.
李绍全.1986.海岸带地质灾害的属性及分类.海洋地质动态,(6).
李四光,《中国地质学》扩编委员会.1999.中国地质学.北京:地质出版社.
李晓文,肖笃宁,胡远满.2001a.辽河三角洲滨海湿地景观规划预案设计及其实施措施的确定.生态学报,21(3).
李晓文,肖笃宁,胡远满.2001b.辽河三角洲滨海湿地景观规划各预案对指示物种生境适宜性的影响.生态学报,21(4).
李晓文,肖笃宁,胡远满.2001c.辽河三角洲滨海湿地景观规划各预案对指示物种生态承载力的影响.生态学报,21(5).
李晓文,肖笃宁,胡远满.2002.辽东湾滨海湿地景观规划预案分析与评价.生态学报,22(2).
林惠来.1992.台湾峡西岸历史风沙的初探.台湾海峡,1(2).
林鹏.2003.中国红树林湿地与生态工程的几个问题.中国工程科学,5(6).
陆健健.1990.中国湿地.上海:华东师范大学出版社.
陆人骥.1984.中国历代灾害性海潮史料.北京:海洋出版社.
马寅生,张业成,张春山,等.2004.地质灾害风险评价的理论与方法.地质力学学报,10(1).
马学慧,牛焕光.1991.中国的沼泽.北京:科学出版社.
[汉]毛亨传,[汉]郑玄笺,[唐]孔颖达疏,[唐]陆德明音释.2013.毛诗注疏.上海:上海古籍出版社.
潘懋,李铁锋.2002.灾害地质学.北京:北京大学出版社.
钱钢,耿国庆.1999.二十世纪中国重灾百录.上海:上海人民出版社.
《泉州市地方志》编委会.2003.泉州市地方志.北京:中国社会科学出版社.
全国海岸带办公室《海岸带气候调查报告》编写组.1992.中国海岸带气候.北京:气象出版社.
沈焕庭,等.2001.长江口物质通量.北京:海洋出版社.
上海古籍出版社,上海市店.1991.二十五史.上海:上海古籍出版社,上海书店.
宋正海.1992.中国古代重大自然灾害和异常年表总集.广州:广东教育出版社.
苏纪兰,袁业立.2005.中国近海水文.北京:海洋出版社.
孙广友.2005.中国湿地科学的进展与展望.地球科学进展,15(6).
唐锡仁,杨文衡.2000.中国科学技术史·地学卷.北京:科学出版社.
田家怡,等.1999.黄河三角洲生物多样性研究.青岛:青岛出版社.

王苏民,窦鸿身.1998.中国湖泊志.北京:科学出版社.
王文海.1987.我国海岸侵蚀原因及其对策.海洋开发,(1).
王文海,吴桑云.1996a.山东省的海岸侵蚀灾害.海岸工程,15(1).
王文海,吴桑云.1996b.中国海岸侵蚀灾害//纪念王乃梁先生诞辰80周年筹备组.地貌与第四纪环境研究文集.北京:海洋出版社.
王文海,吴桑云,陈雪英.1999.海岸侵蚀灾害评价估方法探讨.自然灾害学报,8(1).
王文海.1999.山东省海洋灾害实录//夏东兴,武桂秋,杨鸣.山东省海洋灾害研究.北京:海洋出版社.
王文介.1989.中国海岸近期侵蚀问题.热带海洋,8(4).
王宪礼,肖笃宁,布仁仓.1997.辽河三角洲湿地的景观格局分析.生态学报,17(3).
王月霄.1996.昌黎黄金海岸沙丘沉积特征及形成演变.地理学与国土研究,12(3).
无名士撰,[后魏]郦道元注,杨守敬,熊会贞疏,段熙仲点校,陈桥驿复校.1989.水经注疏.南京:江苏古籍出版社.
吴正,吴克刚.1987.海南岛东北部海岸沙丘的沉积构造特征及其发育模式.地理学报,42(2).
夏东兴,武桂秋,杨鸣.1999.山东海洋灾害研究.北京:海洋出版社.
夏其发.1990.论外力作用形成的地质灾害的预报和防治.中国地质灾害与防治学报,1(1).
向喜琼,黄润秋.2000.地质灾害风险评价与风险管理.地质灾害与环境保护,11(1):38-41.
肖笃宁,胡远满,李秀珍,等.2001.环渤海三角洲湿地的景观生态学研究.北京:科学出版社.
谢先德,朱照宇,覃幕陶,等.2003.广东沿海地质环境与地质灾害.广州:广东科技出版社.
[明]徐弘祖著,褚绍唐,吴启寿整理.1996.徐霞客游记.上海:上海古籍出版社.
许东禹,刘锡清,张训华,等.1997.中国近海地质.北京:地质出版社.
许学工.1996.黄河三角洲生态环境的评估和预警研究.生态学报,16(5).
许学工,林辉平,付东毅.2001.黄河三角洲的湿地区域生态风险评价.北京大学学报(自然科学版),37(1).
杨华庭,田素珍,叶琳,等.1993.中国海洋灾害四十年资料汇编(1949—1990).北京:海洋出版社.
杨永兴,杨玉娟,庞志平,等.1995.苏沪浙滨海沼泽湿地类型、分布规律及控制因素研究//陈宜瑜.中国湿地研究.长春:吉林科学技术出版社.
杨作升,沈谓铨.1992.黄河口水下底坡不稳定性.青岛:青岛海洋大学出版社.
尹泽生.1992.山东省莱州市滨海区域海水入侵研究.北京:海洋出版社.
詹文欢,钟建强,刘以宣.1996.华南沿海地质灾害.北京:科学出版社.
张家诚,等.1998.中国气象洪涝海洋灾害.长沙:湖南人民出版社.
张金明,王玉德,等.1999.中华五千年生态文化.武汉:华中师范大学出版社.
张开文,李祖先,汪榕光.1991.长乐沿海风成沙与红化作用研究.福建师范大学学报(自然科学版),7(1).
张晓龙,李培英.2004.湿地退化标准的探讨.湿地科学,2(1).
张晓龙,李培英,李萍.2005.中国滨海湿地研究现状与展望.海洋科学进展,23(1).
赵德三.1990.莱州地区海水浸染灾情分析和综合治理对策.资源与环境,2(3).
赵德三.1991a.山东沿海地区海水浸染灾情分析与综合治理对策.山东经济战略研究,(1).
赵德三.1991b.山东沿海地区海水入侵灾害情况趋势及其对策//中国灾害防御协会.论沿海地区减灾与发展.北京:地震出版社.

赵德三.1991c.山东沿海区域环境与灾害.北京:科学出版社.
赵德三.1996.海水入侵灾害防治研究.济南:山东科学技术出版社.
赵焕庭,张乔民,宋朝景,等.1999.华南海岸和南海诸岛地貌与环境.北京:科学出版社.
赵魁文.1999.中国沼泽志.北京:科学出版社.
赵松龄,杨光复,苍树溪,等.1978.渤海湾回岸海相地层与海岸线问题.海洋与湖沼,9(1).
赵延茂,宋朝枢.1995.黄河三角洲自然保护区科学考察集.北京:中国林业出版社.
《中国海岸带地貌》编写组.1995.中国海岸带地貌.北京:海洋出版社.
中国海岸带和海涂资源综合调查成果编纂委员会.1991.中国海岸带和海涂资源综合调查报告.北京:海洋出版社.
中国海岸带水文编写组.1995.中国海岸带水文.北京:海洋出版社.
中国海湾志编纂委员会.1991—1999 年中国海湾志.北京:海洋出版社.
中国科学院地学部.1994.海平面上升对中国三角洲地区的影响及对策.北京:科学出版社.
中国湿地植被编辑委员会.1999.中国湿地植被.北京:科学出版社.
中国灾害防御协会.1991.论沿海地区减灾与发展.北京:地震出版社.
庄振业,刘冬雁,杨鸣,等.1999.莱州湾沿岸平原海水入侵灾害的发展进程.青岛海洋大学学报,29(1).

后 记

本书共收入三篇文字，都是关于地学史问题的，故名之曰：《地学史三题》。其中第一篇是讨论我国先秦时期地貌学成就的文字。本篇写作的初心是想深化一下我国已出版的中国地理学史中对该问题的论述不深入、不系统，不能全面反映先秦时期地貌学成就的遗憾。第二篇是关于我国海岸带地貌研究史方面的文字，该文加强了我国海岸带地貌调查研究进程的时代背景的论述，从而反映出我国海岸科学的发展与我国的政治形势，国民经济发展和国防建设需求有着密切的关系。这两篇文章是近年撰写的尚未刊出的文字。第三篇是关于海岸带地质灾害和灾害地质调查研究简史方面文字，已刊出过，这次出版仅作个别文字的校正。出版本书的目的是要弘扬我国古代优秀文化传统，以史为鉴，总结经验，少走弯路，开拓未来。

本书完稿之日恰是国家海洋局第一海洋研究所建所六十周年纪念日即将来临之时，作为在国家海洋局第一海洋研究所工作多年的成员，将此小小的成果献给我所建所六十周年纪念日，以表达我们对国家海洋局第一海洋研究所的真挚感情和拳拳之心。

在本书写作过程中得我所信息中心张晓琨、海岸带中心领导及陈勇等同志的帮助，中国海洋学会老科学家工作委员会对本书的写作给予了支持和鼓励，在此一并致谢。

由于作者水平有限，错误和不当之处在所难免，望批评指正。

作者

2017 年 12 月 22 日